Applied Mineralogy
Technische Mineralogie

Edited by
Herausgegeben von

V. D. Fréchette, Alfred, N. Y.
H. Kirsch, Essen
L. B. Sand, Worcester, Mass.
F. Trojer, Leoben

10

Springer-Verlag
Wien New York 1976

G. Heimke

Keramische Magnete

Springer-Verlag
Wien New York 1976

Dipl.-Phys., Dr. rer. nat. GÜNTHER HEIMKE
Friedrichsfeld G. m. b. H., Steinzeug- und Kunststoffwerke
Mannheim-Friedrichsfeld, Bundesrepublik Deutschland

Mit 89 Abbildungen

Library of Congress Cataloging in Publication Data. Heimke, G. 1922—. Keramische Magnete. (Technische Mineralogie; 10.) Bibliography: p. Includes index. 1. Ceramic magnets. 2. Magnetism. I. Title. QC757.H48. 538'.22. 76-40277

ISBN-13: 978-3-7091-8457-8 e-ISBN-13: 978-3-7091-8456-1
DOI: 10.1007/ 978-3-7091-8456-1

Zum Gedenken an

Udo Aschmoneit, genannt Osram, † 1941
Hans-Jürgen Schulz, genannt Pilo, † 1943
Götz Flohr, verschollen 1945

Vorwort

Die Anregung zum Schreiben dieser Einführung ging von Mineralogen aus. Der Stoffauswahl und der Zusammenstellung lag daher der Wunsch zugrunde, einem Naturwissenschaftler einschlägiger Fachrichtung das zusätzliche Wissen zu vermitteln, das er benötigt, um schnellstmöglich in einer Fertigungsstätte keramischer Magnete oder in einem entsprechend orientierten Entwicklungsteam seine besonderen Kenntnisse und Fähigkeiten nutzen zu können.

Die Kombination an Wissen, die zur Arbeit an Dauermagneten notwendig ist, wird in keinem Ausbildungsweg vermittelt: Weder der Physiker, noch der Chemiker, noch der Kristallograph, Metallkundler oder Keramiker und auch nicht der Werkstoffwissenschaftler bringt diese Wissenskombination mit. Alle stehen beim Eintritt oder beim Übergang in den Umgang mit keramischen Magneten vor der Aufgabe, zunächst das dafür benötigte Begriffssystem und die damit zu beschreibenden Zusammenhänge zwischen den Eigenschaften und dem Werkstoff kennenzulernen.

Daher werden zunächst die Grundbegriffe des Magnetismus wiederholt und die Zusammenhänge dargestellt, die zur Beschreibung von Dauermagneten und zum Verständnis der an sie gestellten Forderungen notwendig sind. Da jeder physikalische Begriff und jede Werkstoffeigenschaft natürlich erst mit Nennung der zugehörigen Meßmethode sinnvoll ist, werden die für das Erfassen der magnetischen Werkstoffkenngrößen mindestens notwendigen Meßprinzipien besprochen.

Die keramischen Magnete werden durch die Einkristalleigenschaften charakterisiert und vorgestellt. Bei der Besprechung des Herstellungsganges wird versucht, die einzelnen Fertigungsschritte stets in ihrer Auswirkung auf die Struktur und das Gefüge der Produkte darzustellen. Aus der Vielzahl der Anwendungen keramischer Magnete werden wichtige Gruppen durch typische Beispiele erläutert.

Da es sich bei dem vorliegenden Buch um eine Einführung handelt und nicht um eine Monographie über keramische Magnete, wurde kein Versuch unternommen, die Fülle der Originalarbeiten vollständig zu berücksichtigen oder gar gebührend zu würdigen. Vielmehr wurden nur solche Arbeiten erwähnt, die dem Verfasser für den jeweils darzustellenden Gegenstand geläufig sind — meist sind es die Arbeiten, durch die er selbst auf den betreffenden Zusammenhang aufmerksam wurde —, oder Arbeiten, die wichtig erschienen oder in denen der Leser für das jeweils besprochene Problem weiterführende, vertiefende oder erläuternde Angaben finden kann.

Dank gebührt allen, die Ratschläge gegeben, Daten genannt oder Diagramme oder Bilder zur Verfügung gestellt haben. Besonderer Dank gilt meiner Frau Nel, geb. Amelung, die durch vielfältige Hilfen und beträchtliche Geduld zur Fertigstellung beigetragen hat.

Casa Fascino Magnetico, Magadino, November 1976

G. Heimke

Inhaltsverzeichnis

Liste der benutzten Symbole und Konstanten

Symbol	Einheit/Zahlenwert	Größe/Konstante
a	m	Gitterkonstante, Abstand atomarer magnetischer Momente
A	Nm = J	Arbeit
A^+	J/m^3	Austauschenergie
B, B_L, B_M	$Vs/m^2 = T$	magnetische Induktion
B_l	–	Brillouin-Funktion zur Quantenzahl l
B_r	$Vs/m^2 = T$	remanente Induktion, Remanenz
$(BH)_{\max}$	J/m^3	größte permanente Energiedichte
C_B	–	Streufaktor der Induktion
C_H	–	Streufaktor des magnetischen Feldes
d	m	Blochwanddicke
D_k	m	kritischer Durchmesser
E	V/m	elektrische Feldstärke
e	$1{,}6.10^{-19}$ As	Elektronenladung
E_J	J	Magnetisierungsenergie
E_K	J/m^3	magnetische Kristallenergiedichte
$E^{(S)}$	J	Streufeldenergie
E_S	J/m^3	Streufeldenergiedichte
E_σ	J/m^3	Spannungsanisotropieenergiedichte
F	m^2	Fläche
H, H_L, H_M	A/m	magnetische Feldstärke
h	$6{,}63.10^{-34}$ Js	Plancksches Wirkungsquantum
H_A	A/m	Anisotropiefeld
H_a	A/m	äußeres Magnetfeld
H_c	A/m	Koerzitivfeldstärke
${}_BH_c$	A/m	Induktions-Koerzitivfeldstärke
${}_JH_c$	A/m	Magnetisierungs-Koerzitivfeldstärke
i	A	elektrischer Strom

j	Vsm (bzw. Vielfache von j_B)	atomares magnetisches Moment oder magnetisches Moment eines Ions
j_B	$1{,}164.10^{-26}$ Vsm	magnetisches Moment des Elektrons, Bohrsches Magneton
J	$Vs/m^2 = T$	Magnetisierung = magnetisches Moment je Volumeneinheit = Polarisation
J_S	$Vs/m^2 = T$	Sättigungsmagnetisierung
J_r	$Vs/m^2 = T$	remanente Magnetisierung
K, K', K_1, K_2	J/m^3	Kristallanisotropiekonstante
k	$1{,}38.10^{-23}$ J/K	Boltzmann-Konstante
l	–	Spinquantenzahl
l_E, l_G, l_L, l_M	m	Längen von Feldlinien in Eisen, im gesamten Magnetkreis, Luftspalt, Dauermagneten
M	Nm	Drehmoment
m_e	$9{,}1.10^{-31}$ kg	Elektronenmasse
N, N' N_a, N_b, N_c	–	Entmagnetisierungsfaktoren
P	N	Kraft
p_l	Nm	Drehmoment zur Quantenzahl l
R_E	Ω	elektrischer Widerstand
R_k	m	kritischer Teilchenhalbmesser
r	m	Radius, Radiusvektor
T	K(°C)	Temperatur
T_C	K(°C)	Curie-Temperatur
T_N	K(°C)	Néel-Temperatur
t	s	Zeit
U	V	elektrische Spannung
V	m^3	Volumen
Z	A	magnetische Spannung
α, α_i	–	Winkel, Richtungskosinus
γ_i	–	Winkel
γ_w	J/m^2	Blochwand Energiedichte
$\lambda_s, \lambda_{100}, \lambda_{111}$	–	Magnetostriktionskonstanten
μ_0	$1{,}2567.10^{-6}$ Vs/Am	absolute Permeabilität
μ, μ_a	–	relative Permeabilitäten
μ_{diff}	–	differentielle Permeabilität
μ_p	–	permanente Permeabilität
ν	s^{-1}	Frequenz

ρ	g/cm^3	Dichte
π_{ij}	–	Tensorkomponenten
σ	N/mm^2	mechanische Spannung, Druck
φ	–	Winkel
Φ	Vs	magnetischer Fluß
χ	–	magnetische Suszeptibilität
χ_a	–	Anfangssuszeptibilität
χ_{diff}	–	differentielle Suszeptibilität
χ_p	–	permanente Suszeptibilität
χ_m	cm^3/g	Massensuszeptibilität
ω	s^{-1}	Kreisfrequenz, Resonanzfrequenz

Einleitung

Das Interesse an den magnetischen Erscheinungen entstand mit dem Auffinden der Magneteisensteine und dem Gewahrwerden ihrer Eigenschaften. Die erste Anwendung fanden diese Magnete seit 121 n. Chr. im Kompaß (Schück, Der Kompaß II (1915) 9), sein Gebrauch hatte sicherlich einen beträchtlichen Einfluß auf die weitere Entwicklung der Seefahrt.

Diese ersten Magnete waren Oxide, im wesentlichen Magnetit, Fe_3O_4, der auch als $FeO \cdot Fe_2O_3$ geschrieben werden kann und damit heute als Ferro-Ferrit bezeichnet wird. Diese ersten, natürlichen Magnete standen daher den keramischen Magneten, die in den folgenden Ausführungen besprochen werden sollen, mit ihrem strukturellen Aufbau schon recht nahe.

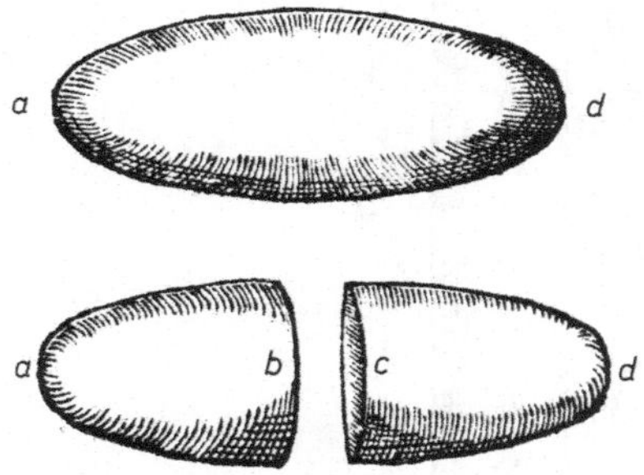

Abb. 1. Demonstration der Bildung weiterer Dipole beim Teilen eines Magneten (Gilbert, De Magnete, 1600)

Wie sehr die mit Magneten zu beobachtenden Kraftwirkungen über „leere" Räume hinweg die Phantasie anregten, zeigen Erzählungen wie die über den Hirten Magnes, der die Kraft des Magneten auf dem Berge Ida dadurch entdeckt habe, daß seine eisernen Schuhnägel und seine Stockspitze am Boden hängengeblieben seien (Nikander bei Plinius (23 bis 79 n. Chr.) XXXVI 127); oder wie die Sage vom Magnetberg, der die Eisenteile aus den Schiffen ziehe, die in seine Nähe gelangen (Gudrun-Sage, Strophe 1109). So ist auch die erste Erwähnung des Magneten im griechischen Kulturkreis durch Thales von Milet (etwa 640 bis 545 v. Chr.) schon von einer Deutung begleitet: eine Art Seele bewirke die Anziehung des Eisens, auch Lebloses sei demnach beseelt.

Aber auch viele der Vorstellungen und Begriffe, die uns heute zum Beschreiben der elektromagnetischen Erscheinungen dienen, wurden durch den Umgang mit jenen natürlichen Magneten allmählich vorgeformt und entwickelt. So wird in Abb. 1 demonstriert, daß ein Magnet mit den Polen a und d nach dem Durchtrennen die weiteren Pole b und c besitzt. Dieser Tatbestand wird bereits von Peter Pereginus de Maricourt in „Epistola ad Sygerum de Foucaucourt militem de Magnete" im Jahre 1269 beschrieben. Abb. 2 stammt aus William Gilberts „De Magnete Magneticisque Corporibus et de Magno Magnete Tellure Physiologica Nova" von 1600; in diesem Werk wird das Wissen der damaligen Zeit, das von Gilbert selbst durch kritisch durchdachte Versuche wesentlich bereichert worden war, zusammenfassend dargestellt. Abb. 2 zeigt daraus eine Anordnung von mit Eisenpolschuhen versehenen Magneteisensteinen; durch diese Armierung konnte die Anziehungskraft von 4 auf

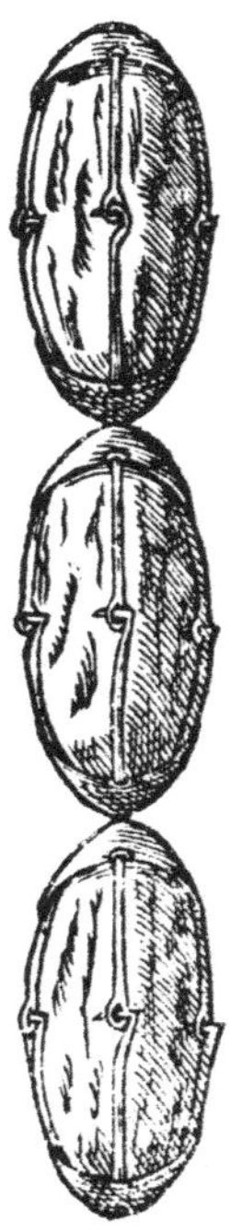

Abb. 2. Eisenarmierte Magnete aus Magneteisenstein (Gilbert, De Magnete, 1600)

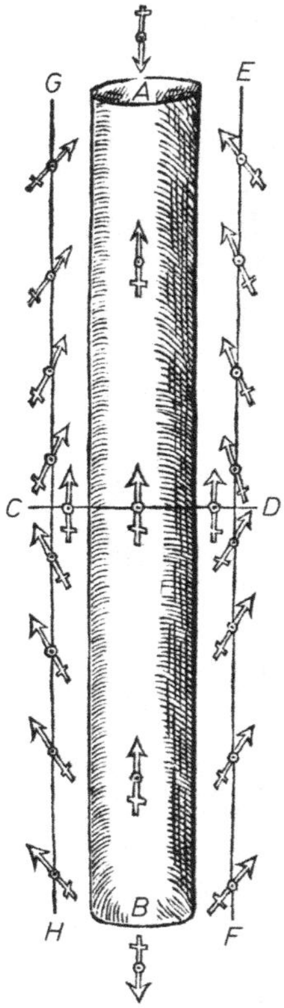

Abb. 3. Zum Verdeutlichen des Verlaufes magnetischer Kraftwirkungen in der Umgebung eines Magneten (Gilbert, De Magnete, 1600)

20 Unzen gesteigert werden. Neben solch praktischen Kenntnissen waren auch wesentliche Elemente des für uns heute so wichtigen Begriffs des magnetischen Feldes zum mindesten vorgeformt, wie die Wiedergabe in Abb. 3 zeigt. Auf dieser Grundlage konnten im 19. Jahrhundert die Kenntnisse und Vorstellungen geschaffen werden, auf denen die heutigen Beschreibungen der magnetischen Phänomene und Werkstoffeigenschaften beruhen.

Bis zur Entdeckung der Wechselwirkung von elektrischem Strom und magnetischem Feld durch H. C. Oersted „Experimenta circa Effectum Conflictus Electrici in Acum Magneticam" im Jahre 1820 basieren alle magnetischen Erscheinungen auf dem Erdfeld oder Berühren mit Magneteisenstein als den einzigen Quellen der

Magnetisierung. Magnetismus war bis dahin die Lehre vom Dauermagneten, war ausschließlich Magnetostatik. (Von dem sogenannten biologischen Magnetismus kann dabei abgesehen werden, da er von Mesmer auch klar anders definiert worden ist.) Mit dem Bau der ersten Elektromagnete um das Jahr 1825 verlor das oxidische Magnetmaterial zunächst jede praktische Bedeutung.

Erst Anfang der dreißiger Jahre dieses Jahrhunderts fanden oxidische Werkstoffe als Dauermagnete wieder Interesse. Y. Kato und T. Takai beschrieben im japanischen Patent Nr. 98 844 ein Verfahren zum Herstellen von Magneten aus etwa je der Hälfte Kobaltferrit- und Magnetitpulver, die gemischt, gepreßt und bei 1000 °C gebrannt sowie ab 300°C im Magnetfeld abgekühlt wurden. Der Verfahrensschritt des Brandes bei 1000°C kennzeichnet diese Herstellungsweise als zur Keramik gehörig. Diese ersten keramischen Dauermagnete wurden auch in gewissem Umfang angewendet, da ihre magnetischen Eigenschaften immerhin vergleichbar mit denen von Stahlmagneten waren:

$$B_r = 0{,}4\ \mathrm{Vs/m^2}$$
$$_BH_c = 40\ \mathrm{kA/m}$$
$$(BH)_{\max} = 8\ \mathrm{mWs/cm^3}.$$

Doch die etwa zur gleichen Zeit entwickelten Magnete auf der Grundlage der Al Ni Co Fe Legierungen, mit denen fünf bis zehnfach höhere permanentmagnetische Energiedichten erreicht werden konnten, nahmen dieser Entwicklung das Interesse.

Erst die Feststellung der überraschend günstigen Dauermagneteigenschaften der hexagonalen Ferrite mit Magnetoplumbitstruktur ließ die oxidischen Magnete in den fünfziger Jahren wieder zu einem technischen Produkt werden, das schnell wachsende Anwendungen fand. Und in einer gewissen Analogie zum einstigen Magneteisenstein erschloß das neue oxidische Magnetmaterial der Dauermagnettechnik neue Anwendungsgebiete und eröffnete weitere technische Möglichkeiten. Aber natürlich keine kann in der Bedeutung sich messen mit der Einführung des Kompasses.

1. Grundbegriffe des Magnetismus

Aus der Elektrodynamik werden hier die Tatsachen, die Begriffe und ihre Zusammenhänge dargestellt, die für die Beschreibung der Eigenschaften von Dauermagnetwerkstoffen, für den Umgang mit ihnen in der Entwicklung und Fertigung und für ihre Anwendungen notwendig sind. Zu diesem Zweck werden die magnetischen Erscheinungen des elektromagnetischen Feldes im leeren und im materieerfüllten Raum besprochen (Abschnitt 1.1 bis 1.6).

Dauermagnete sind magnetische Dipole, bei denen die beiden Magnetpole meist flächenhaft ausgebildet sind. Die Qualität der Magnete hängt von der „Stärke" dieser Pole ab, also dem „magnetischen Moment", und davon, wie fest die Richtung dieses Momentes im Dauermagnetmaterial fixiert ist, damit die Dipole den verschiedenen desorientierenden Einflüssen widerstehen können. Diese Richtungsfixierung gelingt durch Ausnutzung kristalliner, mechanischer oder geometrischer Vorzugslagen der Magnetisierung (Abschnitt 1.7). Solche Vorzugslagen sind natürlich gegenüber allen anderen Richtungen durch Energieminima gekennzeichnet. Aus der Betrachtung der mit unterschiedlichen Orientierungen der magnetischen Dipole zusammenhängenden Energien kann die Existenz magnetischer Bezirke verständlich gemacht und das durch die Hysteresekurve zum Ausdruck kommende Verhalten abgeleitet werden (Abschnitt 1.8 bis 1.10). Solche Energiebetrachtungen gestatten es auch, die Anforderungen an Dauermagnetwerkstoffe genauer zu formulieren, so daß sie den speziellen Bedingungen einzelner Anwendungsbereiche im Rahmen der durch die Einkristalleigenschaften gegebenen Grenzen optimal angepaßt werden können (Abschnitte 1.10.1 bis 1.10.4).

1.1 Die magnetische Feldstärke und die magnetische Induktion

Die magnetische Feldstärke H beschreibt einerseits die Kraftwirkungen, die ein magnetischer Dipol im Magnetfeld erfährt. Dies wird in Abschnitt 1.4 näher und quantitativ behandelt. Andererseits stellt die Erzeugung von Magnetfeldern mittels stromdurchflossener Spulen die Verbindung zwischen magnetischem Feld und elektrischem Strom her. Diese Verbindung ergibt sich aus den Grundzusammenhängen der elektromagnetischen Erscheinungen, die in den Maxwellschen Gleichungen beschrieben werden.

Im Innern einer zylindrischen Spule der Länge l, durch deren n Windungen der Strom i fließt, besteht im materiefreien Raum das Magnetfeld

$$H = \frac{i\,n}{l}\,. \tag{1}$$

Werden hierin i in Ampere und l in Metern eingesetzt, so folgt als Einheit der Feldstärke (die Anzahl n der Windungen ist dimensionslos): $[H] = \mathrm{A/m}$. (Das Symbol $[H]$ hat hier die Bedeutung „Einheit von H".)

Die magnetische Feldstärke ist, wie aus der Erklärung dieses Feldes als Kraftwirkung auf magnetische Dipole schon ersichtlich, ein Vektor. Die Orientierung des Feldstärkevektors dH zum Vektor des elektrischen Stromes di wird durch das Vektorprodukt $dH = di \times r$ bestimmt; darin ist r der Radiusvektor vom Ort, an dem dH bestimmt ist, zum Ort des Stromes di. Die Integration dieses Ausdrucks für den Fall der Zylinderspule liefert die Zuordnung der positiven Feldrichtung im Spuleninnern zur positiven Stromrichtung durch die lineare Vortriebsrichtung einer Rechtsschraube.

Außer der Kraftwirkung auf magnetische Dipole hat ein Magnetfeld die weitere Eigenschaft, sich bei seiner Änderung mit einem elektrischen Wirbelfeld E zu umgeben, das von einer das Magnetfeld umfassenden Leiterschleife (einer Drahtschleife oder einer Spule) zu einer elektrischen Spannung U aufsummiert werden kann. Diese Eigenschaft wird durch die magnetische Induktion B beschrieben:

$$\frac{dB}{dt} = E, \qquad B = \int U\, dt. \tag{2}$$

Die Einheit der magnetischen Induktion ist das Produkt aus der elektrischen Feldstärke mit der Zeit je Einheit der Fläche, die von der Leiterschleife umfaßt wird, also der Spannungsstoß in Vs je Flächeneinheit m^2 und damit $[B] = \mathrm{Vs/m^2} = \mathrm{T}$ (Tesla).

Ist die von der Spule umfaßte Fläche F und ist die magnetische Induktion B über diese Fläche konstant, so ist

$$\frac{d\,(BF)}{dt} = \frac{d\,\Phi}{dt} = F \int U\, dt.$$

Die Größe $\Phi = BF$ heißt der magnetische Fluß durch die Fläche F; ihre Einheit ist $[\Phi] = \mathrm{Vs} = \mathrm{Weber}$. Durchsetzt der magnetische Fluß Φ die Fläche F nicht senkrecht (Flächennormale und Flußrichtung ist parallel), so ist $\Phi = BF \cos \varphi$, wenn φ der Winkel zwischen der Flächennormalen und der Flußrichtung ist.

Das Produkt aus Feldstärke und Induktion liefert die Energiedichte des magnetischen Feldes:

$$[A] = [BH] = \frac{\mathrm{A\,Vs}}{\mathrm{m^3}} = \frac{\mathrm{Ws}}{\mathrm{m^3}} = \frac{\mathrm{J}}{\mathrm{m^3}}.$$

Die Grundgrößen des Magnetismus, das magnetische Feld H und die magnetische Induktion B, werden also durch die Einheiten der elektrischen Potentialdifferenz bzw. Spannung (in Volt, V) und die Einheit des elektrischen Stromes (in Ampere, A) beschrieben. Dies ist für die Anwendungen praktisch und bringt den inherenten Zusammenhang der elektromagnetischen Felder zum Ausdruck. Bis vor kurzer Zeit waren jedoch gerade im Bereich der Dauermagnetwerkstoffe noch speziell magnetische Feldgrößen gebräuchlich: für das magnetische Feld das Oersted (Oe), das aus der Kraftwirkung, die zwei Magnetpole aufeinander ausüben, abgeleitet war, und für die magnetische Induktion das Gauss (G) als die Induktionswirkung, die das magnetische Feld bei einer Änderung um 1 Oe in 1 s erzeugt.

Für die Umrechnung der verschiedenen Einheiten gilt:

$$
\begin{aligned}
1\ \mathrm{A/m} &= 10^{-3}\ \mathrm{kA/m} = 0{,}01\ \mathrm{A/cm} \\
&= 4\pi\ 10^{-3}\ \mathrm{Oe} \approx 0{,}01257\ \mathrm{Oe} \\
1\ \mathrm{Oe} &= 1000/4\pi\ \ \mathrm{A/m} \approx 80\ \mathrm{A/m} = 0{,}8\ \mathrm{A/cm} \\
1\ \mathrm{Vs/m^2} &= 1\ \mathrm{T} = 10^{-4}\ \mathrm{Vs/cm^2} = 0{,}01\ \mathrm{mVs/cm^2} \\
&= 10^4\ \mathrm{G} \\
1\ \mathrm{G} &= 10^{-4}\ \mathrm{Vs/m^2} = 10^{-4}\ \ \mathrm{T} = 10^{-8}\ \mathrm{Vs/cm^2} = 1\ \mathrm{Vs/Hektar} \\
1\ \mathrm{Ws/m^3} &= 1\ \mathrm{J/m^3} = 1\ \mathrm{VAs/m^3} = 10^{-6}\ \mathrm{Ws/cm^3} = 10^{-3}\ \mathrm{mWs/cm^3} \\
&= 40\pi\ \mathrm{GOe} \approx 125{,}7\ \mathrm{GOe} = 0{,}0001257\ \mathrm{MGOe} \\
1\ \mathrm{GOe} &= 0{,}1/4\pi\ \mathrm{Ws/m^3} \approx 8.10^{-3}\ \mathrm{Ws/m^3} = 8.10^{-6}\ \mathrm{mWs/cm^3}.
\end{aligned}
$$

1.2 Die Permeabilität

Die beiden Eigenschaften der Kraftwirkung auf Dipole und der Induktion sind nicht unabhängig voneinander. Sie sind im Gegenteil nur verschiedene Manifestationen der magnetischen Eigenschaften des elektromagnetischen Feldes. Im materiefreien Raum ist $H = (1/4\ \pi) \cdot 10^7\ B$. Die Einheit des Proportionalitätsfaktors ist dabei $[\mu_0] = [B/H]$ = Vs/Am, sein Wert also

$$\mu_0 = 4\ \pi\ 10^{-7}\ \frac{\mathrm{Vs}}{\mathrm{Am}} = 1{,}2567 \cdot 10^{-6}\ \frac{\mathrm{Vs}}{\mathrm{Am}}\ .$$

Im materieerfüllten Raum kann der Einfluß der Materie durch einen weiteren Faktor berücksichtigt werden

$$H = \mu_0 \mu\ B. \tag{3}$$

Der Proportionalitätsfaktor μ_0 zwischen der Induktion B und der magnetischen Feldstärke H heißt absolute Permeabilität. Sie wird manchmal auch die Permeabilität des Vakuums genannt. μ ist die relative Permeabilität.

Im materiefreien Raum sind die Vektoren der Induktion B und die Feldstärke H richtungsgleich. Die absolute Permeabilität μ_0 ist daher ein Skalar. Im Materialinneren sind die Richtungen von B und H im allgemeinen verschieden: die relative Permeabilität μ und die aus ihr abzuleitenden Größen (s. Abschnitt 1.9.) sind daher Tensoren.

1.3 Einteilung der Stoffe nach ihrer Permeabilität

Alle in der Natur vorkommenden Stoffe und alle technischen Werkstoffe lassen sich nach der Größe ihrer relativen Permeabilität einteilen: es ist

$\mu < 1$ in den Diamagnetika

$\mu > 1$ in den Paramagnetika

$\mu \gg 1$ in den Ferro- und Ferrimagnetika.

Nach dieser Einteilung lassen sich also die verschiedenen Werkstoffe an ihrem Verhalten in $B(H)$ Diagramm erkennen, wie in Abb. 4 dargestellt.

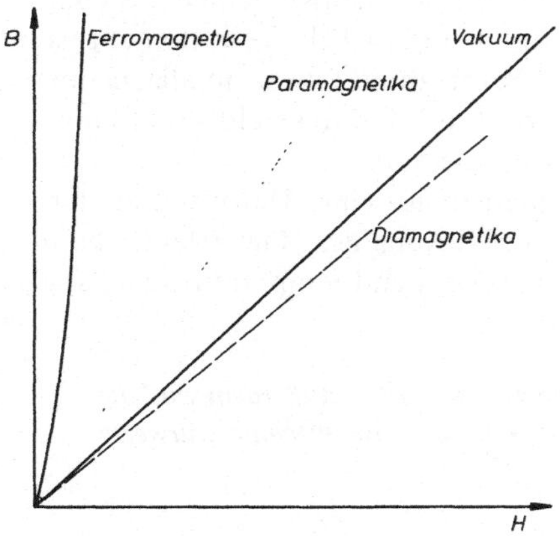

Abb. 4. Schematische Darstellung des Zusammenhangs von Induktion B und Feldstärke H im Vakuum und für Dia- und Paramagnetika

Tabelle 1. *Die relativen Permeabilitäten μ einiger Diamagnetika, die relativen Suszeptibilitäten χ und die Massensuszeptibilität χ/ρ (ρ = Dichte) = χ_m*

Stoff	μ	χ 10^{-6}	χ_m $10^{-6} cm^3 g^{-1}$
Ag	0,99999798	−2,02	−0,192
Au	0,99999758	−2,42	−0,142
Al_2O_3	0,99999855	−1,45	−0,362
Sb	0,99999465	−5,35	−0,80
As	0,99999957	−0,43	−0,075
Bi	0,99998687	−13,13	−1,34
B	0,99999855	−1,45	−0,62
Cd	0,99999849	−1,51	−0,175
C	0,99999890	−1,10	−0,491
Cu	0,99999924	−0,76	−0,085
Ga	0,99999817	−1,83	−0,31
Ge	0,99999943	−0,57	−0,106
Hg	0,99999773	−2,27	−0,167
In	0,99999920	−0,80	−0,11
J	0,99999827	−1,73	−0,35
P	0,99999771	−2,29	−0,85
Pb	0,99999875	−1,25	−0,11
Se	0,99999838	−1,62	−0,336
Si	0,99999974	−0,26	−0,111
Te	0,99999819	−1,81	−0,29
Tl	0,99999713	−2,87	−0,242
Zn	0,99999900	−1,00	−0,14
H_2O	0,99999928	−0,72	−0,72

Dabei ist bei den Diamagnetika die Permeabilität im allgemeinen nur um etwa einige 10^{-6} kleiner als eins. Einige Werte der Permeabilität von diamagnetischen Werkstoffen sind in Tab. 1 zusammengestellt.

Bei den Paramagnetika ist die relative Permeabilität im allgemeinen um einige 10^{-5} größer als eins. Einige Werte der Permeabilität sind in Tab. 2 zusammengestellt.

Bei den Ferro- bzw. Ferrimagnetika ist die Permeabilität zwar im allgemeinen erheblich größer als eins, jedoch eine komplizierte Funktion der Feldstärke und darüber hinaus noch stark abhängig vom Werkstoffzustand.

Da das diamagnetische Verhalten im allgemeinen auf einer Deformation der Ladungsverteilung innerhalb der Atome unter der Wirkung des Magnetfeldes beruht, ist die Permeabilität der diamagnetischen Stoffe weitgehend temperaturunabhängig.

Tabelle 2. *Die relative Permeabilität μ einiger paramagnetischer Stoffe. Außerdem wird die Massensuszeptibilität χ_m und die relative Suszeptibilität χ genannt. Raumtemperaturwerte*

Stoff	μ	χ 10^{-6}	χ_m $10^{-6}\,cm^3\,g^{-1}$
Al	1,00000165	1,65	0,61
Ca	1,00000169	1,69	1,1
Ce	1,0001183	118,3	17,5
Cr	1,0000228	22,8	3,17
Cs	1,000000423	0,423	0,226
Hf	1,00000561	5,61	0,42
Ir	1,00000298	2,98	0,133
K	1,00000046	0,459	0,532
La	1,00000499	4,99	0,81
Li	1,00000224	4,24	4,2
Mg	1,00000035	0,35	0,2
Mn	1,0000661	66,1	8,9
Mo	1,0000095	9,5	0,93
Na	1,00000064	0,645	0,664
Nb	1,00001881	18,81	2,20
Os	1,00000117	1,17	0,052
Pd	1,0000623	62,3	5,15
Pt	1,0000211	21,1	0,983
Rb	1,00000035	0,349	0,228
Re	1,00000757	7,57	0,36
Rh	1,0000135	13,5	1,08
Ru	1,00000525	5,25	0,427
Sc	1,0000209	20,9	7,0
Sr	1,00000280	2,80	1,05
Ta	1,0000139	13,9	0,84
Th	1,00000667	6,67	0,57
Ti	1,0000144	14,4	3,2
U	1,0000328	32,8	1,72
V	1,0000306	30,6	5,0
W	1,00000617	6,17	0,32
Y	1,00000961	9,61	2,15
Zr	1,00000871	8,71	1,34

Das magnetische Verhalten der Paramagnetika beruht auf dem ausrichtenden Einfluß des magnetischen Feldes auf atomare oder molekulare Dipole. Da die Wärmebewegung diesem Ausrichteeffekt entgegenwirkt, ist die paramagnetische Permeabilität μ temperaturabhängig und nimmt mit steigender Temperatur ab.

Eine quantitative Aussage kann gewonnen werden, wenn das Gleichgewicht zwischen der Energie der atomaren Dipole j im magnetischen Feld und der mittleren thermischen Energie $1/2\ k\,T$ betrachtet wird. Es ergibt sich

$$\mu = \frac{n\,j^2}{3\,k\,T} + 1 \qquad (4)$$

mit der Anzahl n der Dipole je Volumeneinheit.

Über die Temperaturabhängigkeit der Permeabilität der Ferro- und Ferrimagnetika lassen sich derart pauschale Aussagen nicht machen. Sie ist von vielerlei Werkstoffeigenschaften abhängig. Es kann daher erst bei der Besprechung des magnetischen Verhaltens der einzelnen Werkstoffe darauf eingegangen werden.

1.4 Die Magnetisierung, das magnetische Moment und die magnetische Suszeptibilität

Die Tatsache, daß außerhalb des Vakuums die Induktion B von der mit der absoluten Permeabilität multiplizierten magnetischen Feldstärke $\mu_0 H$ abweicht, läßt sich außer durch den von eins verschiedenen Faktor μ, der relativen Permeabilität, auch durch einen Summanden ausdrücken:

$$B = \mu\,\mu_0 H = \mu_0 H + J. \qquad (5)$$

Dabei stellt der Summand

$$J = B - \mu_0 H = (\mu - 1)\,\mu_0 H$$

denjenigen Beitrag zur Induktionswirkung dar, der im Vakuum nicht auftritt, also durch die Anwesenheit des Stoffes bedingt ist. Diese Größe heißt Magnetisierung. Sie ist, wie aus obigen Gleichungen zu ersehen, in den gleichen Einheiten wie die magnetische Induktion anzugeben. Die Magnetisierung J läßt sich auch auffassen und darstellen als das magnetische Moment je Volumeneinheit des magnetischen Stoffes. Es beschreibt gewissermaßen die Stärke des Dipols des Einheitswürfels des betrachteten magnetischen Werkstoffes.

Auf die homogene Magnetisierung J im Volumen V übt das Magnetfeld H das Drehmoment

$$\vec{M} = -(\vec{J} \times \vec{H})V = -J V H \sin\varphi^* \qquad (6a)$$

aus, wobei $\vec{J} \times \vec{H}$ das Vektorprodukt und φ^* den Winkel zwischen den Richtungen der Magnetisierung und des Magnetfeldes darstellt. Außerdem erfährt der Körper mit dem Volumen V die (translatorische) Kraft

$$P = J\ V \cos\varphi' \frac{dH}{dx} \qquad (6b)$$

in Richtung des Feldgradienten dH/dx, wobei φ' der Winkel zwischen der Magnetisierung und dem Feldgradienten ist. Dabei wurde übrigens vorausgesetzt, daß das

Feld H die Magnetisierung J weder in ihrer Homogenität noch dem Betrage nach beeinflußt. Damit sind die zu Anfang des Abschnitts 1.1 erwähnten Kraftwirkungen des Magnetfeldes H auf die magnetischen Dipole JV eingeführt worden. Mit ihrer Hilfe kann durch punktweises Ausmessen des Feldes die bekannte Feldliniendarstellung gewonnen werden, wobei den gefundenen Kräften oder Momenten eine gewisse Feldliniendichte zugeordnet wird.

Die atomare Einheit des magnetischen Moments ist das Bohrsche Magneton. Es ist durch das magnetische Moment gegeben, das ein Elektron, das auf der Kreisbahn mit dem kleinstmöglichen Drehimpuls von $h/2\pi$ (h = 6,63.10^{-34} Ws^2) umläuft, erzeugt. Das durch diesen „elektrischen Kreisstrom" hervorgerufene magnetische Moment ist

$$j_B = he\,\mu_0/4\pi\, m_e = 1{,}164 \cdot 10^{-29}\ \text{Vsm}$$

mit der Elektronenladung $e = 1{,}6 \cdot 10^{-19}$ Coulomb, der Elektronenmasse $m_e = 9{,}1.10^{-31}$ kg.

Die Magnetisierung ist bei den Dia- und Paramagnetika dem Betrag nach klein und von der Feldstärke linear abhängig; bei den Ferro- und Ferrimagnetika ist sie oberhalb einer gewissen Feldstärke H_S feldstärkeunabhängig. Dieser feldstärkeunabhängige Wert der Magnetisierung J_S wird Sättigungsmagnetisierung genannt und ist eine wichtige, vom Gefüge unabhängige Werkstoffkonstante. Einige Werte für die wichtigsten ferri- und ferromagnetischen Werkstoffe sind in Tab. 3 zusammengestellt.

Tabelle 3. *Sättigungsmagnetisierung (maximales magnetisches Moment je Volumeneinheit) einiger Ferro- und Ferrimagnetika bei Zimmertemperatur*

Stoff	Sättigungsmagnetisierung Vs/m^2
Eisen (weich)	2,12
Kobalt	1,79
Nickel	0,69
Eisen-Kobalt-Legierung	2,43
Ba-Ferrit	0,47
Sr-Ferrit	0,43
Pb-Ferrit	0,40
AlNiCo-Legierung	1,0 bis 1,4
$SmCo_5$	0,97
MnBi	0,78

Aus den vorstehend aufgeschriebenen Definitionsgleichungen für die Magnetisierung folgt übrigens, daß die Magnetisierung wegen $\mu < 1$ für die Diamagnetika negativ ist. Dies ist Ausdruck dafür, daß diamagnetische Werkstoffe in einem inhomogenen Magnetfeld eine Kraftwirkung in Richtung abnehmender Magnetfeldstärke erfahren, also aus einem Magnetfeld „hinausgedrückt" werden.

Paramagnetische Stoffe und Ferri- sowie Ferromagnetika haben eine positive Magnetisierung und erfahren in einem inhomogenen Magnetfeld eine Kraftwirkung in Richtung steigender Magnetfeldstärke.

Die magnetischen Eigenschaften der Stoffe beruhen auf den magnetischen Eigenschaften der Atome oder Ionen, aus denen sie aufgebaut sind: die um die Atomkerne bewegten Elektronen erzeugen ein Magnetfeld, das Bahnmoment; das Elektron trägt ebenfalls ein magnetisches Moment, den Elektronenspin. Die magnetischen Momente der Atome oder Ionen setzen sich im wesentlichen aus der vektoriellen Summe der Bahn- und Spinmomente der Elektronen zusammen.

Ist das sich so ergebende Atom- oder Ionenmoment Null, so ist der Stoff diamagnetisch. Erst durch ein auf das Atom oder Ion wirkendes magnetisches Feld wird ein zusätzlicher Strom induziert, dessen magnetisches Moment nach der Lenzschen Regel dem äußeren Feld entgegengesetzt ist. Bei den para-, ferro- und ferrimagnetischen Stoffen ist die Summe der Bahn- und Spinmomente innerhalb der Atome oder Ionen von Null verschieden. Diese Atome oder Ionen stellen also bereits kleine Magnete dar, die durch ein äußeres Magnetfeld beeinflußt werden können. Ihre vektorielle Summe ergibt das magnetische Moment bzw. die Magnetisierung des Stoffes.

Im Abschnitt 1.2 war der Begriff der relativen Permeabilität eingeführt worden. Er gibt an,um wieviel das Verhältnis von Induktion zu Feldstärke im materieerfüllten Raum im Verhältnis zum Vakuum erhöht wird. In ähnlicher Weise läßt sich das Verhältnis der Magnetisierung zu der diese Magnetisierung hervorrufenden Feldstärke bilden. Diese Größe

$$\frac{J}{\mu_0 H} = \frac{B-\mu_0 H}{\mu_0 H} = \mu - 1 = \chi \qquad (7)$$

heißt die magnetische Suszeptibilität. Die Suszeptibilität ist damit eine Werkstoffkenngröße analog der relativen Permeabilität: für Diamagnetika ist die Suszeptibilität feldstärkeunabhängig und etwas kleiner als Null, für Paramagnetika größer als Null und für Ferro- und Ferrimagnetik im allgemeinen erheblich größer als Null, jedoch feldstärkeabhängig.

1.5 Die Curie-Temperatur und magnetische Ordnungszustände

Bei hinreichend hohen Temperaturen sind alle Werkstoffe dia- oder paramagnetisch. Ferro- und Ferrimagnetismus treten nur unterhalb gewisser Temperaturen auf. Oberhalb dieser Temperaturen sind also auch alle Ferro- und Ferrimagnetika paramagnetisch. Werden sie aus diesem paramagnetischen Bereich abgekühlt, so erfolgt der Übergang zum ferro- bzw. ferrimagnetischen Zustand bei einer für jeden Werkstoff charakteristischen Umwandlungstemperatur, der Curie-Temperatur des betreffenden Stoffes. Die Curie-Temperatur ist ähnlich wie die Magnetisierung eine gefügeunabhängige Werkstoffkenngröße.

Die Curie-Temperatur T_c kann aus dem Verlauf der $1/\chi$-Temperaturkurve für die einzelnen Werkstoffe ermittelt werden.

$$\frac{1}{\chi} = \frac{T-T_c}{C} \qquad (8)$$

Die Größe C heißt die Curie-Konstante. Für sie ergibt sich aus Gl. (4) für die Temperaturabhängigkeit der Permeabilität der Paramagnetika

$$\chi = \mu - 1 = \frac{n\,j^2}{3\,k\,T},$$

für $T - T_c$ mit

$$\frac{1}{\chi} = \frac{3\,k(T-T_c)}{n\,j^2}$$

$$C = \frac{n\,j^2}{3\,k} = \frac{J^2}{3\,n\,k}, \qquad (9)$$

wobei noch $n\,j = J$ der insgesamt je Volumeneinheit vorhandenen Magnetisierung gesetzt wurde.

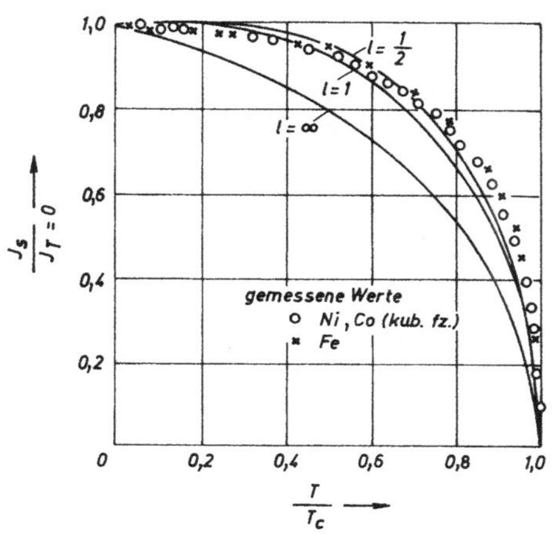

Abb. 5. Die Sättigungsmagnetisierung in reduzierten Einheiten ($J_S/J_{T=0}$) als Funktion der reduzierten Temperatur (T/T_c) für verschiedene Spinquantenzahlen l gem. Gl. (10) sowie experimentelle Werte für Eisen, Nickel und Kobalt (nach [1])

Meist treten für $T \to T_c$ Abweichungen vom linearen Verlauf $1/\chi$ über T auf, die auf Wechselwirkungen der magnetischen Momente benachbarter Atome oder Ionen beruhen. Dann wird trotzdem der Schnittpunkt der Verlängerung des linearen Teils der Kurve mit der Temperatur als Curie-Temperatur T_c bezeichnet, genauer als „paramagnetische Curie-Temperatur" im Gegensatz zu der später noch zu besprechenden „ferromagnetischen Curie-Temperatur".

Der Umwandlungsvorgang beim Durchschreiten der Curie-Temperatur ist für das Verständnis des magnetischen Verhaltens dieser Werkstoffe ausschlaggebend.

Bei den Ferromagnetika tritt beim Durchschreiten der Curie-Temperatur eine Ordnung der magnetischen Momente der Atome oder Ionen ein, so daß die Atom- oder Ionenmomente benachbarter Atome oder Ionen unterhalb der Curie-Temperaturen im zeitlichen Mittel parallel gerichtet sind. Die Einschränkung „im zeitlichen Mittel" deutet darauf hin, daß diese Parallelrichtung streng nur am absoluten Nullpunkt gilt, bei endlichen Temperaturen jedoch durch die Wärmebewegung gestört ist.

Die volle Magnetisierung, die der Summe aller parallel gerichteten atomaren magnetischen Momente in der Volumeneinheit entspricht, ist daher nur bei $T = 0$ K vorhanden. Bei allen endlichen Temperaturen wird diese Parallelrichtung durch die Wärmebewegung gestört, so daß stets nur ein Bruchteil im zeitlichen Mittel zur Verfügung steht. Quantitativ ergibt sich der Verlauf der Sättigungsmagnetisierung J_S über der Temperatur aus dem Gleichgewicht zwischen der mittleren thermischen Energie $1/2\, k\, T$ (k Boltzmannsche Konstante) und der Arbeit, die beim Herausdrehen eines atomaren magnetischen Momentes aus der Parallelrichtung gegenüber den die Parallelrichtung bewirkenden Kräften aufgewendet werden muß

$$J_S(T) = J_{T=0}\, B_l\, \frac{3\,l}{l+1} \cdot \frac{J_S/J_{T=0}}{T/T_c} \tag{10}$$

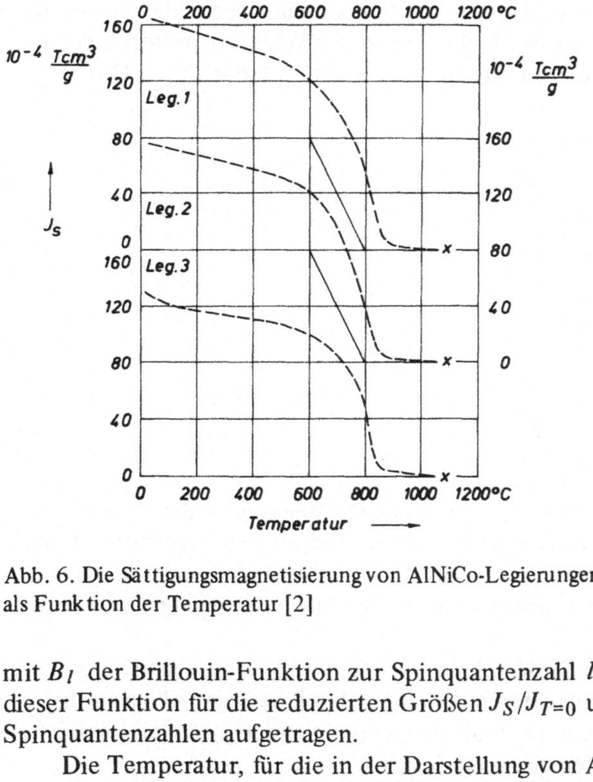

Abb. 6. Die Sättigungsmagnetisierung von AlNiCo-Legierungen verschiedener Zusammensetzungen als Funktion der Temperatur [2]

mit B_l der Brillouin-Funktion zur Spinquantenzahl l. In Abb. 5 ist der Verlauf dieser Funktion für die reduzierten Größen $J_S/J_{T=0}$ und T/T_c für verschiedene Spinquantenzahlen aufgetragen.

Die Temperatur, für die in der Darstellung von Abb. 5 $J_S = 0$ wird, heißt die „ferromagnetische Curie-Temperatur". Meist haben jedoch die Kurven von J_S über der Temperatur nahe der Curie-Temperatur einen etwas anderen Verlauf. Abb. 6 zeigt ein Beispiel. Diese Abweichung wird durch die Annahme einer auch noch oberhalb der Curie-Temperatur in kleineren Volumenelementen wirksamen Wechselwirkung benachbarter atomarer magnetischer Momente erklärt.

Als ferromagnetische Curie-Temperatur wird dann der Schnittpunkt der Wendepunkttangente mit der Temperaturachse bezeichnet.

Es gibt auch eine bisher noch nicht erwähnte Stoffgruppe, bei der beim Abkühlen aus dem paramagnetischen Bereich bei einer bestimmten Temperatur, die man bei diesen Werkstoffen die Néel-Temperatur nennt, eine Antiparallelerichtung jeweils nächst benachbarter Atom- oder Ionenmomente auftritt.

Das Einstellen einer magnetischen Ordnung ist natürlich mit einer Entropieabnahme und damit einer Änderung der freien Energie verbunden. Außerdem tritt durch die Magnetostriktion (s. unten) eine leichte Deformation des Gitters ein. Als reiner Ordnungsvorgang handelt es sich um eine Phasenumwandlung II. Art.

1.6 Einteilung der Stoffe nach den magnetischen Ordnungszuständen

Im Abschnitt 1.3 war eine Einteilung der Stoffe nach ihrer magnetischen Permeabilität besprochen worden. Die im vorigen Abschnitt erwähnten verschiedenen Ordungszustände lassen noch eine andere Einteilung des magnetischen Verhaltens der Stoffe zu. Die sich beim Durchschreiten der Curie- bzw. der Neel-Temperatur einstellende Ordnung beruht nämlich auf gewissen Wechselwirkungen der magnetischen Momente benachbarter Atome oder Ionen untereinander. Diese

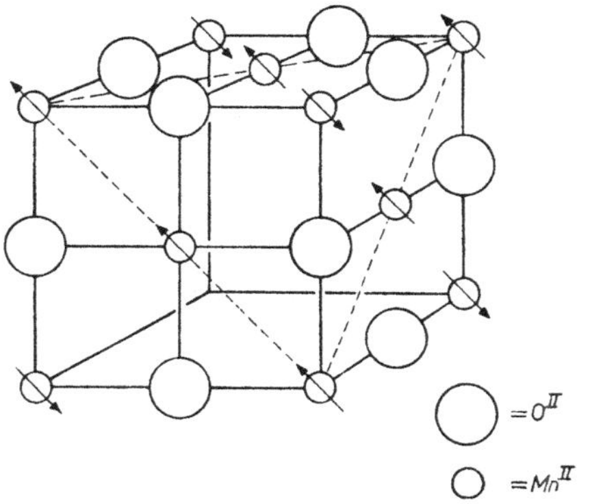

Abb. 7. Die antiferromagnetische Anordnung der magnetischen Momente im MnO-Gitter [3]. Die kleinen Kreise stellen Mn-Ionen dar, die Pfeile deuten die Richtung der magnetischen Momente an

Wechselwirkungen führen zu einer gegenseitigen Kopplung der magnetischen Atom- oder Ionenmomente.

Da in den diamagnetischen Stoffen keinerlei atomare Momente existieren, können auch keine Kopplungen auftreten. Auch bei den Paramagnetika sind die einzelnen Atom- oder Ionenmomente unabhängig voneinander; es treten keine Kopplungskräfte auf oder sie bleiben zumindest sehr klein.

In den Ferromagnetika sind benachbarte Atom- oder Ionenmomente parallel gerichtet. Eine solche Kopplung nennt man positiv; man spricht auch von Stoffen mit positiver Wechselwirkungs- oder Austauschenergie.

Antiferrimagnetika nennt man diejenigen Stoffe, bei denen die Kopplungskräfte eine Antiparallelrichtung nächstbenachbarter Atom- oder Ionenmomente bewirken. Diesen Stoffen ist daher eine negative Wechselwirkungs- bzw. Austauschenergie zugeordnet.

Sind die magnetischen Momente beider antiparallelgerichteter Atom- oder Ionenmomente dem Betragen nach gleich groß, so heben sie sich in atomaren

Dimensionen gegenseitig bereits auf. In Abb. 7 ist die Anordnung der magnetischen Momente im antiferromagnetischen MnO-Gitter schematisch dargestellt. Ein solcher Stoff erscheint also äußerlich unmagnetisch. Die Anwesenheit der antiferromagnetischen Ordnung läßt sich durch die Art der Temperaturabhängigkeit der magnetischen Suszeptibilität erkennen. Abb. 8 zeigt die verschiedenen Typen der Suszeptibilitäts-Temperatur-Kurven. Dabei ist auf der Ordinate der Kehrwert der Suszeptibilität aufgetragen. Nach der Theorie (gem. Gl. 8) sollte bei Abwesenheit von Wechselwirkungen der Zusammenhang zwischen $1/\chi$ und der absoluten Temperatur linear sein und die $1/\chi$-Gerade die Abzisse für Paramagnetika im Nullpunkt treffen, für Ferro- und Ferrimagnetika bei der Curie-Temperatur schneiden und für Antiferromagnetika im Gebiet negativer Temperaturen.

Bei den Paramagnetika trifft diese Erwartung im ganzen Temperaturbereich recht genau zu. Bei den Ferromagnetika treten Abweichungen bei Annäherung an die Curie-Temperatur auf.

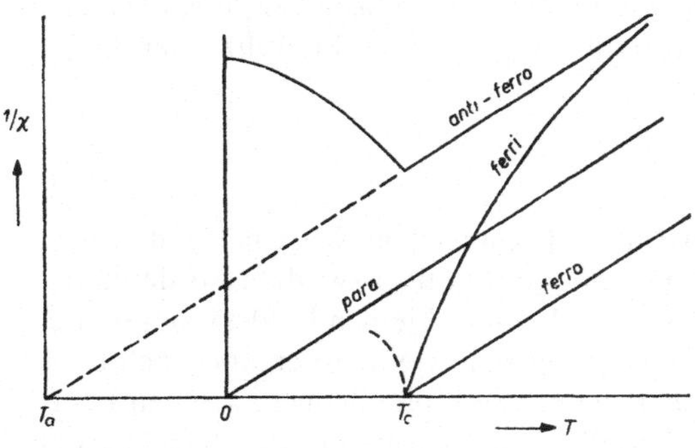

Abb. 8. Schematische Darstellung der $1/\chi$-Temperatur-Kurven für Stoffe unterschiedlicher magnetischer Ordnung [3]

Bei den Antiferromagnetika ergibt sich am Néel-Punkt die aus Abb. 8 ersichtliche Unstetigkeit. Den aus der Verlängerung des geraden Teils der $1/\chi$-über-T-Kurve sich ergebenden negativen Temperaturabschnitt T_a nennt man auch die antiferromagnetische Curie-Temperatur.

Die Theorie des linearen Verhaltens der reziproken Suszeptibilität über der absoluten Temperatur liegt die Annahme zugrunde, daß zwischen den magnetischen Atom- oder Ionenmomenten keinerlei Kopplungen bestehen. Jede Abweichung von dieser Linearität deutet also auf die Anwesenheit von Kopplungskräften oder Wechselwirkungen zwischen den magnetischen Momenten hin.

Die Kräfte, die eine Koppelung benachbarter magnetischer Momente in atomaren Dimensionen bewirken, sind quantenphysikalischer Natur. Sie wurden erstmals im Jahre 1928 von Heisenberg näherungsweise berechnet [4]. Eine vollständig befriedigende Beschreibung dieser Kräfte, die auch magnetische Wechselwirkungs- oder Austauschkräfte genannt werden, ist jedoch bis heute nicht gelungen.

In einem Antiferromagnetikum können die Atome oder Ionen, deren magnetische Momente alle in die gleiche Richtung weisen, als ein magnetisches Untergitter aufgefaßt werden. In diesem Sinne bilden in Abb. 7 alle Ionen, deren magnetische Momente nach oben weisen, ein magnetisches Untergitter, alle Ionen mit antiparallel dazu gerichteten magnetischen Momenten ein zweites magnetisches Untergitter. Es gibt auch Stoffe mit mehr als zwei magnetischen Untergittern, wobei die verschiedenen Untergitter durch unterschiedliche Stärken der Wechselwirkungen oder auch durch unterschiedliche Ionen- oder Atomarten gekennzeichnet sind. Die unterschiedliche Stärke der Wechselwirkungen ist bei gleicher Atom- oder Ionenart eine Folge unterschiedlicher Anordnungen im Kristallgitter. Darauf wird später noch genauer einzugehen sein.

Der oben bereits beschriebene Antiferromagnetismus liegt nach der Beschreibungsweise mit Hilfe des Begriffs der Untergitter also dann vor, wenn der Betrag der Magnetisierung für beide Untergitter gleich groß ist. Sind jedoch die magnetischen Momente beider Untergitter nicht gleich groß, kompensieren sie sich also nicht gegenseitig vollständig, so liegt „nichtkompensierter Antiferromagnetismus" vor. Hierfür hat sich der Name Ferrimagnetismus eingebürgert. Die aus der Differenz der Untergittermagnetisierungen sich ergebende resultierende Magnetisierung eines Ferrimagnetikums verhält sich sehr ähnlich wie die Magnetisierung der Ferromagnetika. Allerdings ist ihre Temperaturabhängigkeit meist komplizierter.

1.7 Magnetische Vorzugsrichtungen

Wäre die Magnetisierung im Innern eines magnetischen Körpers frei drehbar, so würde sich die Magnetisierung eines Ferromagnetikums bzw. die resultierende Magnetisierung eines Ferrimagnetikums schon bei sehr kleinen Feldstärken in die Feldrichtung eindrehen. Dies ist jedoch nicht der Fall, vielmehr ergeben sich bei verschiedenen Werkstoffen sehr unterschiedliche Zusammenhänge zwischen Feldstärke und Magnetisierung. Sie weisen darauf hin, daß im Innern des magnetischen Körpers bevorzugte Richtungen für die Magnetisierungsvektoren existieren müssen. Für diese magnetischen Anisotropien gibt es verschiedene Ursachen.

1.7.1 Die Kristallanisotropie

Die Magnetisierungsarbeit

$$A = \int_0^{J_S} H\,dJ \qquad (11)$$

ist in einem Einkristall orientierungsabhängig. Abb. 9 zeigt die Magnetisierungskurven an Einkristallen aus Eisen, Nickel und Kobalt nach Messungen von Honda und Kaya [5]. Die Richtungen kleinster Magnetisierungsarbeit, die zugleich die Richtungen der kleinsten freien Energie sind, werden als kristallographische Vorzugsrichtungen, Richtungen leichtester Magnetisierbarkeit, oder einfach leichte Richtungen oder Vorzugslagen bezeichnet. Für Eisen sind es die [100]-Richtungen, für Nickel die [111]-Richtungen und für Kobalt ist es die hexagonale Achse [001]. Die Richtungen größter freier Energie sind bei Eisen die [111]-, bei Nickel die [100]-Richtungen. – Sie werden auch kurz schwere Richtungen genannt. Als Kristallenergiedichte E_K wird der Unterschied der Magnetisierungsarbeit je Volumeneinheit in verschiedenen Richtungen bezeichnet. In Abb. 9 wird sie also durch die zwischen den Kurvenästen eingeschlossenen Flächen dargestellt.

Allgemein läßt sich die Kristallenergiedichte als Funktion der Richtungskosinus α_i der Magnetisierung gegenüber einem mit dem Gitter verbundenen Koordinatensystem ausdrücken.

$$E_K = K(\alpha_1, \alpha_2, \alpha_3).$$

Dabei werden die mit der Drehung der Magnetisierung verbundenen Deformationen des Gitters oder die Änderungen des Spannungszustandes vernachlässigt.

Für ein kubisches Gitter ist

$$E_K = K_1(\alpha_1^2\,\alpha_2^2 + \alpha_2^2\,\alpha_3^2 + \alpha_3^2\,\alpha_1^2) + K_2\,\alpha_1^2\alpha_2^2\,\alpha_3^2 + \ldots \tag{12}$$

und für ein hexagonales Gitter bei Abwesenheit einer Anisotropie in der Basisebene

$$E_K = K_1'\,\sin^2\varphi + K_2'\,\sin^4\varphi, \tag{13}$$

wobei φ der Winkel zwischen der Magnetisierung und der hexagonalen Achse ist.

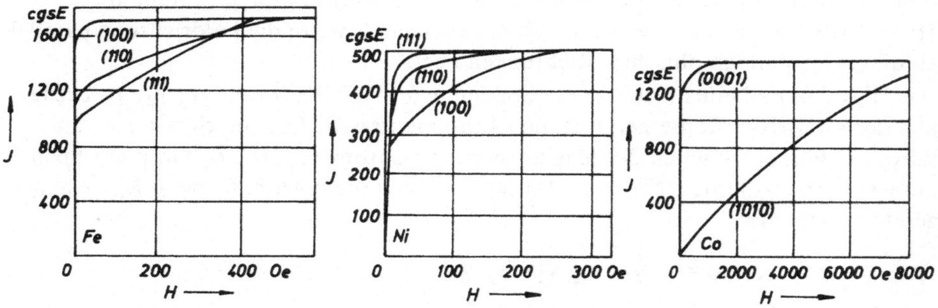

Abb. 9. Magnetisierungskurven von Eisen-, Nickel- und Kobalteinkristallen, aufgenommen in verschiedenen Kristallrichtungen [5]

Die durch die Kristallanisotropieenergie zum Ausdruck kommende Kopplung der Richtung der magnetischen Momente der Atome oder Ionen an gewisse niedrig indizierte Kristallrichtungen beruht auf der Spin-Bahn-Wechselwirkung der Elektronenspins. Einzelheiten über diesen Zusammenhang, die auch ein Verständnis der Temperaturabhängigkeit dieser Erscheinung gestatten, konnten bisher höchstens für spezielle Fälle geklärt werden.

Die Kristallanisotropiekonstanten der technisch wichtigsten Dauermagnetwerkstoffe sind in Tab. 4 zusammengestellt.

Tabelle 4. *Die Kristallanisotropiekonstanten der technisch wichtigsten Dauermagnetwerkstoffe Zimmertemperaturwerte*

Stoff	K_1 10^6 J/m^3
Ba-Ferrit	0,31
Sr-Ferrit	0,37
Pb-Ferrit	0,23
MnBi	1,16
$SmCo_5$	8,0

1.7.2 Spannungsanisotropie

Der durch eine äußere mechanische Spannung verursachte Anisotropieenergieanteil ist allgemein

$$E_\sigma = -\frac{3}{2}\lambda_{100}(\pi_{11}\alpha_1^2 + \pi_{22}\alpha_2^2 + \pi_{33}\alpha_3^2)$$

$$-\frac{3}{2}\lambda_{111}(2\,\pi_{12}\alpha_1\alpha_2 + 2\,\pi_{23}\alpha_2\alpha_3 + 2\,\pi_{31}\alpha_3\alpha_1).$$

worin λ_{100} und λ_{111} die Sättigungsmagnetostriktion in den [100]- und [111]-Richtungen und die π_{ij} $(i, j = 1, 2, 3)$ die den Spannungszustand beschreibenden Komponenten eines symmetrischen Tensors sind.

Die Magnetostriktion ist die relative Längenänderung, die ein magnetischer Körper beim Einbringen in ein Magnetfeld erfährt. Mit Sättigungsmagnetostriktion wird die relative Längenänderung bezeichnet, die eintritt, wenn die Feldstärke von 0 bis zur Sättigungsfeldstärke gesteigert wird. Mit λ_{100} bzw. λ_{111} werden die Magnetostriktionen an einem Einkristall bezeichnet, wenn die Feldrichtung parallel zu diesen kristallographischen Richtungen liegt.

Für den Fall einer homogenen Spannung σ in der Richtung $\gamma_1, \gamma_2, \gamma_3$ bezüglich der kubischen Achse nehmen die Komponenten die Gestalt $\pi_{ij} = \sigma\,\gamma_i\,\gamma_j$ an. Wird der Winkel zwischen der Magnetisierungsrichtung $(\alpha_1, \alpha_2, \alpha_3)$ und der Spannung $(\gamma_1, \gamma_2, \gamma_3)$ mit φ bezeichnet, und wird außerdem vereinfachend $\lambda_{100} = \lambda_{111} = \lambda_S$ gesetzt, so ist mit

$$\cos\varphi = \alpha_1\gamma_1 + \alpha_2\,\gamma_2 + \alpha_3\,\gamma_3$$

die Spannungsanisotropieenergie

$$E_\sigma = -\frac{3}{2}\lambda_S\cos^2\varphi. \tag{14}$$

Für $\lambda_S > 0$ und $\sigma > 0$ (Zugspannung) ergibt dies zwei antiparallele leichte Richtungen in Richtung der Spannung σ, also eine einachsige Anisotropie ähnlich der Kristallanisotropie hexagonaler Kristalle mit der hexagonalen Achse als leichter Richtung. Ist jedoch $\lambda_S < 0$, so sind bezüglich der Spannungsenergie alle Richtungen senkrecht der Richtung der aufgeprägten Spannung gleichwertige leichte Richtungen; es entsteht eine Vorzugsebene.

Bei Magnetisierung parallel zu σ $(\varphi = 0)$ ist

$$E_\sigma = -\frac{3}{2}\lambda_S\,\sigma. \tag{15}$$

Für gebräuchliche Werkstoffe beträgt die damit erreichbare Größenordnung der Anisotropieenergien für eine Spannung von

$$\sigma = 2000\ \mathrm{MN/m^2}$$

und für Eisen unter Zug mit $\lambda_S = -4 \cdot 10^{-6}$

$$E_\sigma \approx -1{,}2 \cdot 10^4\ \mathrm{J/m^3}$$

und bei Nickel unter Druck mit $\lambda_S = -34 \cdot 10^{-6}$

$$E_\sigma \approx -10{,}4 \cdot 10^4 \text{ J/m}^3.$$

1.7.3 Formanisotropie

Aus den Grundgleichungen der Elektrodynamik, den Maxwellschen Gleichungen, folgt für den Fall der Magnetostatik die Beziehung

$$\int B\, H\, dV = 0, \tag{16}$$

wobei das Integral über den gesamten Raum zu erstrecken ist (dV ist das Volumenelement dieses Raumes).

Mit $B = \mu_0\, H + J$ läßt sich das vorstehende Integral in zwei Teilintegrale zerlegen.

$$\int \mu_0 H^2\, dV + \int H\, J\, dV = 0,$$

wobei das 2. Integral wegen $J = 0$ außerhalb des magnetischen Werkstoffes nur über dessen Volumen zu erstrecken ist.

Damit ergibt sich die in dem Magnetfeld, dessen Existenz der Magnetisierung J des ferro- oder ferrimagnetischen Körpers zugeschrieben werden muß, gespeicherte Feldenergie, die auch zuweilen Streufeldenergie genannt wird, mit

$$E^{(S)} = \frac{\mu_0}{2} \int H^2\, dV = -\frac{1}{2} \int H\, J\, dV.$$

Für das Feld H_M im Innern des magnetischen Körpers gewinnt man aus der weiteren Grundgleichung der Magnetostatik

$$\oint H\, d\, l = 0, \tag{17}$$

wobei der Weg l einer magnetischen Feldlinie in geschlossenem Weg zu folgen hat, die weitere Beziehung

$$\int H_L\, d\, l + \int H_M\, d\, l = 0.$$

Hierin ist das erste Integral längs der Feldlinie außerhalb des magnetischen Körpers (H_L), das zweite Integral längs der Feldlinie im Innern des magnetischen Körpers (H_M) zu erstrecken. Die Größe $\int H\, d\, l = Z$ hat die Bedeutung einer Potentialdifferenz im magnetischen Feld. Sie wird daher auch als magnetische Spannung bezeichnet. Für den Fall, daß beide Felder homogen sind, läßt sich diese Gleichung (mit l_L = Länge des Feldes außerhalb, l_M = Länge des Feldes innerhalb des Magneten) vereinfachen zu

$$H_L\, l_L = -H_M\, l_M$$

und, da die Induktion im magnetostatischen Feld quellenfrei ist (div $B = 0$) und damit $B_L = B_M$, ergibt sich für das Feld im Innern des magnetischen Körpers

$$H_M = -H_L\, \frac{l_L}{l_M} = \frac{-B_L}{\mu_0}\, \frac{l_L}{l_M} = \frac{-B_M}{\mu_0}\, \frac{l_L}{l_M} = \frac{-B_M}{\mu_0}\, N'.$$

Die Größe

$$N' = \frac{l_L}{l_M} = \frac{-\mu_0 H_M}{B_M} = \frac{-1}{\mu_M} \tag{18a}$$

heißt der Entmagnetisierungsfaktor, genauer der Induktionsentmagnetisierungsfaktor. Eine Umrechnung mit $B_M = \mu_0 H_M + J$ und $J/\mu H_M = \chi_M$, der dem inneren Feld H_M zuzuordnenden Suszeptibilität, ergibt

$$N' = \frac{-\mu_0 H_M}{\mu_0 H_M + J} = \frac{-\mu_0 H_M / J}{(\mu_0 H_M / J) + 1} = \frac{N}{N+1} = \frac{-\chi_M}{1+\chi_M} N$$

mit

$$N = \frac{-\mu_0 H_M}{J} = \frac{-1}{\chi_M} = \frac{N'}{1+N'} = \frac{l_L}{l_L + l_M} = \frac{l_L}{l_G}, \tag{18b}$$

dem Magnetisierungsentmagnetisierungsfaktor. Dabei wurde $l_L + l_M = l_G$, der Gesamtlänge der Feldlinie gesetzt.

Für die Streufeldenergie ergibt sich mit $H_M = -N J/\mu_0$

$$E^{(S)} = \frac{1}{2\mu_0} \int N J^2 \, dV. \tag{19}$$

Sie ist über den Entmagnetisierungsfaktor gestaltsabhängig.

Bei dieser vereinfachten Ableitung des Entmagnetisierungsfaktors N waren durch die Annahme der Homogenität von innerem und äußerem Magnetfeld sehr idealisierte geometrische Verhältnisse vorausgesetzt worden. Bei komplizierteren Anordnungen müßte vor der Integration für jede Feldlinie bzw. Feldröhre der magnetischen Induktion gewissermaßen N ermittelt werden. Nur bei Kugeln, Ellipsoiden und langen Stäben ist N konstant oder wenigstens annähernd konstant.

Dann ist, wenn V das Magnetvolumen ist,

$$E^{(S)} = \frac{1}{2\mu_0} N J^2 V$$

oder die zugehörige Energiedichte

$$E_S = \frac{N}{2\mu_0} J^2.$$

Beim allgemeinen Ellipsoid mit den Hauptachsen a, b, c sind die Entmagnetisierungsfaktoren in Richtung dieser Achsen N_a, N_b, N_c der Gleichung unterworfen $N_a + N_b + N_c = 1$.

Sind die α_i $(i = 1, 2, 3)$ die Richtungskosinus der Magnetisierung J gegenüber den Hauptachsen, dann ist die Energiedichte

$$E_S = \frac{1}{2\mu_0} J^2 \, (N_a \alpha_1^2 + N_b \alpha_2^2 + N_c \alpha_3^2).$$

Für die Kugel ist $N_a = N_b = N_c = \frac{1}{3}$ und damit die Streufeldenergiedichte richtungsunabhängig, also isotrop:

$$E_S = \frac{1}{6\,\mu_0}\,J^2.$$

Beim sehr langen Kreiszylinder (Draht) ist bei Magnetisierung in der Zylinderachse ($a = b; c \to \infty$) wegen $N_a = N_b \to 0{,}5; N_c \to 0$

$$E_S = 0$$

und bei Magnetisierung senkrecht zur Zylinderachse

$$E_S = \frac{1}{4\,\mu_0}\,J^2.$$

Hier ist also die axiale Magnetisierung einzige Vorzugslage. Für eine flache Scheibe ($a = b \to \infty$, $c \to 0$) wird wegen $N_a = N_b \to 0; N_c \to 1$ für die Magnetisierung senkrecht zur Scheibenebene

$$E_S = \frac{1}{2\,\mu_0}\,J^2$$

und parallel dazu

$$E_S = 0.$$

Hier sind also alle Richtungen in der Ebene Vorzugslagen, die Ebenennormale ist schwere Richtung. Für die Größenordnung der mit der Streufeldenergie verbundenen Formanisotropie ergibt sich daraus für den Zylinder, bei dem die Anisotropie wie beim hexagonalen Gitter mit Vorzugslage in der sechszähligen Achse und bei Vorliegen eines homogenen Spannungszustandes einachsig ist und mit $J = J_S$, der Sättigungsmagnetisierung bei

Eisen $\quad E_S = \frac{1}{4\,\mu_0}\,J_S^2 = 0{,}9 \cdot 10^6\ \mathrm{J/m^3}$,

Kobalt $\quad E_S = 0{,}6 \cdot 10^6\ \mathrm{J/m^3}$,

FeCo mit maximaler Sättigungsmagnetisierung

$$E_S = 1{,}2 \cdot 10^6\ \mathrm{J/m^3},$$

Bariumferrit $\quad E_S = 0{,}045 \cdot 10^6\ \mathrm{J/m^3}$.

1.7.4 Austauschanisotropie

Die Austauschanisotropie wurde im Jahre 1956 [6] entdeckt. Sie kann auftreten, wenn eine ferro- oder ferrimagnetische Anordnung der magnetischen Atommomente mit einer antiferromagnetischen Anordnung eine Fläche gemeinsam hat oder sich die beiden Bereiche unterschiedlicher magnetischer Ordnung sonstwie berühren oder durchsetzen. Über diese Grenzfläche hinweg tritt eine Kopplung zwischen den verschiedenen Bereichen ein. Es ist z. B. die letzte Atomlage des Antiferromagnetikums, in der alle magnetischen Momente parallel gerichtet sind, zugleich die erste Atomlage des Ferromagnetikums.

Sind die Richtungen der Atommomente im antiferromagnetischen Bereich durch eine Kristallanisotropie in ihren Lagen fixiert, so wird durch die beschriebene Kopplung durch die Grenzfläche hindurch auch der benachbarte ferro- oder ferrimagnetische Bereich in seiner Magnetisierungsrichtung festgehalten, auch wenn in ihm selbst gar keine Anisotropie wirksam wäre. In Abb. 10 ist schematisch eine Kugel mit ferromagnetischer Anordnung der Atommomente in antiferromagnetischer Umgebung dargestellt. Ein angelegtes Feld kann ein Drehmoment nur auf die Magnetisierung des ferro- oder ferrimagnetischen Bereichs ausüben, im antiferromagnetischen Bereich wirkt praktisch kein Drehmoment. Solche Wechselwirkungen zwischen Bereichen unterschiedlicher Anordnung der Atommomente sind auch an Grenzen zwischen ferro- und ferrimagnetischen Stoffen beobachtet worden [8].

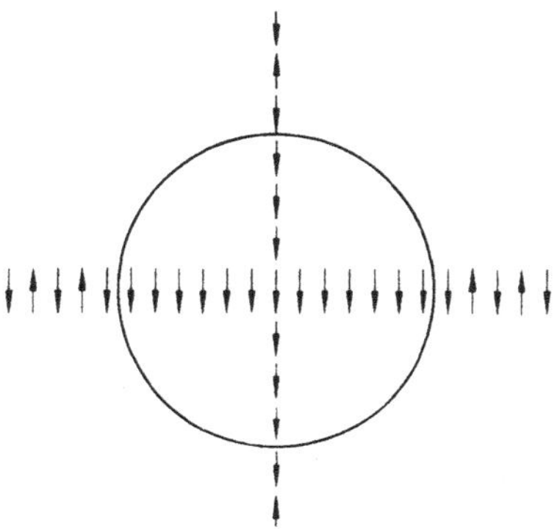

Abb. 10. Schematische Darstellung einer Kugel mit ferromagnetischer Anordnung der Atommomente in antiferromagnetischer Umgebung zur Diskussion der Austauschanisotropie [7]

Die Austauschanisotropie ergibt übrigens in dem in Abb. 10 dargestellten Fall nicht nur eine einachsige Anisotropie, wie es z. B. die Kristallanisotropie beim Kobalt oder beim Bariumferrit oder die Formanisotropie bei einem länglichen Teilchen bewirkt, sondern sogar eine einseitige Anisotropie. Nur die ursprüngliche Lage der Magnetisierung des ferromagnetischen Bereichs in Abb. 10 ist bei Abwesenheit eines äußeren Feldes magnetisch stabil, alle anderen Lagen der resultierenden Magnetisierung erzwingen im Innern des magnetischen Bereichs eine Abweichung von der Parallelrichtung der einzelnen magnetischen Momente und damit eine höhere Energie.

Diese Austauschanisotropie kann daher unter geeigneten Bedingungen zu einer Hysteresekurve führen, die parallel zur negativen Feldstärkeachse verschoben ist. Ein Beispiel hierfür zeigt Abb. 11.

Zum ersten Mal wurde die Austauschanisotropie an Kobaltteilchen, die oberflächlich anoxidiert worden waren und daher mit einer Schicht antiferromagnetischen Kobaltoxids bedeckt waren, beobachtet. Unterhalb der Curie-Temperatur des Kobalts ist der Kobaltkern dieser Teilchen ferromagnetisch. Die Magnetisierung eines Haufwerkes derartiger Teilchen kann durch ein äußeres magnetisches Feld parallel gerichtet werden. Beim weiteren Abkühlen unter Aufrechterhaltung des Magnetfeldes wird bei Erreichen der Néel-Temperatur des antiferromagnetischen Kobaltoxids die antiferromagnetische Ordnung derart fixiert, daß die Grenzfläche zwischen beiden Bereichen einen Zustand ähnlich dem in Abb. 10 skizzierten einnimmt. Die Richtung der Magnetisierung der ferromagnetischen Kobaltkerne ist damit eindeutig und irreversibel festgelegt.

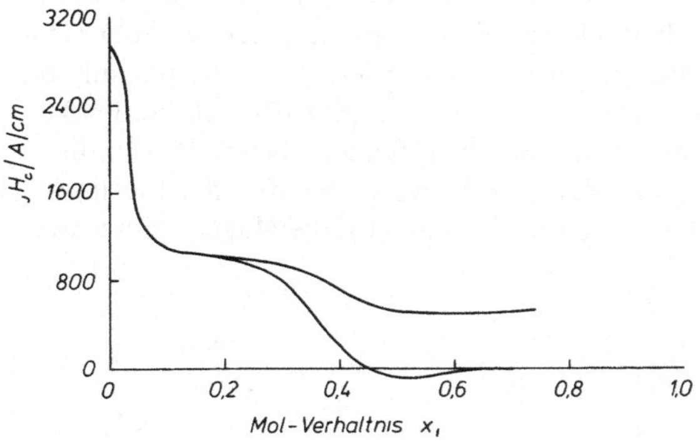

Abb. 11. Aufgrund der Austauschanisotropie zwischen antiferromagnetischem Kaliumferrit und ferrimagnetischem Bariumferrit gefundene unterschiedliche Koerzitivfeldstärken im 2. und 4. Quadranten der Hysteresekurve als Funktion des Ba/K-Verhältnisses (nach [8])

1.7.5 Das Anisotropiefeld

Die Magnetisierung J_S eines homogen magnetisierten Bereiches, aber auch das magnetische Moment eines Atoms oder Ions, wird von den Anisotropie-Energien in der jeweiligen Vorzugslage festgehalten, als ob dort eine Feldstärke H_A wirke, für die gilt

$$\frac{1}{2} H_A J_S = K.$$

Das Feld

$$H_A = 2 K/J_S \tag{20}$$

wird Anisotropiefeld genannt. Durch dieses Feld H_A kann die jeweilige Anisotropiewirkung in vielen Fällen dargestellt werden, so z. B. bei den weiter unten zu besprechenden Mikrowellenresonanzen.

1.7.6 Anwendungen in der Geologie

Nach der Entdeckung der Austauschanisotropie waren es ihre Entdecker selbst, die darauf hinwiesen, daß diese einseitige Fixierung der Magnetisierung, falls sie in Gesteinen nachgewiesen werden könnte, Auskunft zu geben in der Lage wäre, wie zur Zeit der Abkühlung dieser Gesteine beim Unterschreiten ihrer Néel-Temperatur das erdmagnetische Feld am Orte dieser Lagerstätte gerichtet war [9]. In der Tat gelangt es bald darauf, die zeitlichen Änderungen des erdmagnetischen Feldes aus derartigen Beobachtungen in weiteren Einzelheiten zu erfassen. Ein Großteil der dabei gewonnenen Ergebnisse wurden während der internationalen Magnetkonferenz in Kyoto, Japan, vorgetragen und diskutiert [10].

1.8 Die magnetischen Bezirke (Bereiche)

Wären außer den früher beschriebenen Kopplungskräften zwischen den atomaren magnetischen Momenten und den im vorigen Absatz besprochenen werkstoffbedingten Anisotropien keine weiteren Einflüsse wirksam, so wären sämtliche Ferro- und Ferrimagnetika stets einheitlich parallel zur vorherrschenden oder resultierenden leichten Richtung magnetisiert. Diese Magnetisierung würde sich außerhalb des Körpers als magnetisches Feld bemerkbar machen. Zum Aufbau dieses Feldes wird die im Absatz 1.7.3 besprochene Formanisotropieenergie benötigt. Um die Gesamtenergie des Systems, das aus der Magnetisierung des Ferro- oder Ferrimagnetikums und dem durch diese Magnetisierung hervorgerufene Magnetfeld besteht,

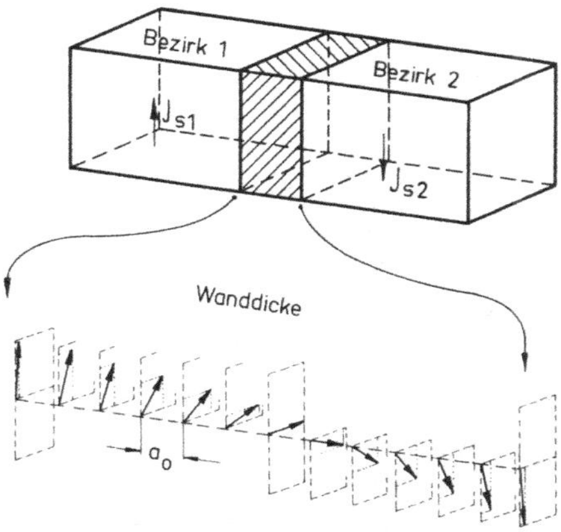

Abb. 12. Darstellung der Orientierung der magnetischen Momente der Atome in einer Bloch-Wand. Die Magnetisierung steht in beiden Bezirken antiparallel, sie muß daher in der Wand um 180° gedreht werden. Solche Wände heißen 180°-Wände. (a_0 Atomabstand, J_S Sättigungsmagnetisierung) [1]

so klein wie möglich zu halten, unterteilt sich die Magnetisierung innerhalb des Ferro- oder Ferrimagnetikums in einzelne Bereiche. Im Inneren dieser Bereiche sind die atomaren magnetischen Momente oder ist die resultierende Magnetisierung der Untergitter einheitlich parallel gerichtet. Sie läßt sich daher für jeden Bereich durch einen Magnetisierungsvektor darstellen. Die Magnetisierungen verschiedener Bereiche innerhalb des magnetischen Körpers stellen sich nun bei ihrer spontanen Bildung beim Abkühlen unterhalb der Curie-Temperatur im feldfreien Raum so ein, daß sie parallel zur vorherrschenden oder resultierenden leichten Richtung der Anisotropieenergien liegen und sich zugleich möglichst im Innern des Körpers weitgehend gegenseitig kurzschließen. Dadurch wird im Außenraum kein magnetisches Feld erzeugt. Der Körper erscheint also zunächst von außen unmagnetisch, obgleich die einzelnen Bereiche in seinem Inneren vollständig magnetisiert sind.

Die Übergangsgebiete zwischen den einzelnen vollständig magnetisierten Bereichen haben eine endliche Dicke. Diese Übergangsgebiete nennt man Wände oder auch Blochwände. In ihnen weichen die magnetischen Momente von ihrer gegenseitigen Parallel- oder Antiparallelrichtung ab. Da die Austauschkräfte, wie oben erwähnt, jedoch die Parallel- oder Antiparallelrichtung benachbarter Atom- oder Ionenmomente erzwingen wollen, ist zur Bildung derartiger Übergangsgebiete Arbeit gegen diese Austauschkräfte zu leisten. Diesen Wänden kommt also eine erhöhte Energie zu. Sie verhalten sich daher in manchen Fällen wie aufgespannte Membrane. In Abb. 12 ist die Anordnung der atomaren Magnetisierungsvektoren in einer Blochwand schematisch dargestellt.

Innerhalb einer solchen Wand sind, wie gesagt, die atomaren magnetischen Momente nicht mehr parallel zueinander gerichtet, sondern entgegen den Austausch- und Anisotropiekräften gedreht. Dafür muß Energie aufgewendet werden. Wären nur die Austauschkräfte wirksam, so sollten die Winkel zwischen benachbarten

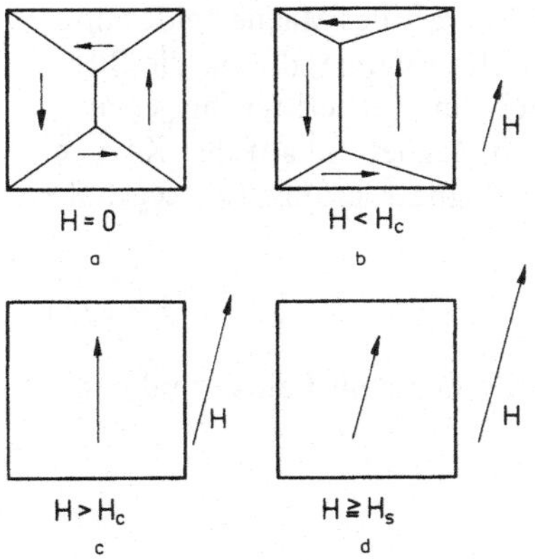

Abb. 13. Veränderungen der Anordnung magnetischer Bereiche unter der Wirkung eines Magnetfeldes H

atomaren magnetischen Momenten möglichst klein sein, der Übergangsbereich wäre also sehr dick, die Wanddicke sehr groß. Dann aber wären sehr viele atomare magnetische Momente aus den Vorzugsrichtungen herausgedreht, wozu beträchtliche Arbeit gegenüber den Anisotropiekräften zu leisten wäre. Im Gleichgewicht wird die Wanddicke d durch das Minimum der Summe aus Austausch- und Anisotropieenergie bestimmt. Wird näherungsweise die thermische Energie bei der Curie-Temperatur als Maß für die Austauschenergie gesetzt, so ist (mit Abstand a benachbarter magnetische Momente)

$$\frac{k\,T_c}{a\,d} = \frac{1}{2}\,|K_1|\,d$$

und damit die Wanddicke

$$d = \sqrt{\frac{2\,k\,T_c}{a\,|K_1|}} \tag{21}$$

und die Wandenergie je Flächeneinheit

$$\gamma_w = \sqrt{\frac{2\,k\,T_c\,|K_1|}{a}} = |K_1|\,d. \tag{22}$$

In Abb. 13 a ist, ebenfalls sehr vereinfacht und schematisch, die Anordnung magnetischer Bereiche im äußerlich entmagnetisierten Zustand dargestellt. Lediglich an den Stellen, an denen Blochwände die Oberfläche des magnetischen Körpers schneiden, treten kleine Streufelder aus dem Körper heraus. Mit ihrer Hilfe ist es möglich, den Verlauf dieser Wände und ihre Bewegungen während der Ummagnetisierungsvorgänge sichtbar zu machen. Aus einer kolloidalen Eisenoxidlösung ziehen nämlich diese Streufelder die magnetischen Teilchen an, so daß sie sich längs dieser Linien sammeln und dadurch die Wände markieren. Die Bereiche selbst können bei hinreichend dünnen Proben auch im durchgehenden Licht durch den Faraday-Effekt sichtbar gemacht werden.

Ein Beispiel für eine derartig sichtbargemachte Bereichskonfiguration ist in Abb. 14 dargestellt. Die Bereichsanordnung wird also ohne äußeres Magnetfeld schließlich durch das Minimum der Summe aus der Energie des Magnetfeldes im Raum außerhalb des Körpers (Streufeldenergie) und der Energie, die für die Bildung der Blochwände und für sonstiges Herausdrehen der Magnetisierung gegen die Anisotropiekräfte benötigt wird, bestimmt. Wirkt ein Magnetfeld auf den Körper ein, so beeinflußt auch noch die Energie E_J, die die Magnetisierungen J_S gegenüber diesem Feld H gewinnen

$$E_J = -J_S\, H \cos\varphi, \tag{23}$$

die Bereichskonfiguration. Darin ist φ der Winkel zwischen dem Feld H und der jeweiligen örtlichen Magnetisierung J_S.

1.9 Die Magnetisierungsvorgänge

Wird bei einem ferro- oder ferrimagnetischen Körper bei Temperaturen unterhalb der Curie-Temperatur erstmalig ein magnetisches Feld angelegt, so verschieben sich die Grenzen zwischen den Bereichen in der Weise, daß zunächst die Bezirke, deren Magnetisierung den kleineren Winkel zur Richtung des angelegten Feldes bilden, deren Energie E_J also kleiner ist, auf Kosten der Bezirke wachsen, bei denen dieser Winkel und damit die Energie größer ist. Dieser Vorgang ist im Übergang von Abb. 13 a zu Abb. 13 b schematisch dargestellt. Er kann so weit gehen, bis keine Wände mehr im Körper vorhanden sind, er also nur noch aus einem einzigen magnetischen Bezirk besteht (Abb. 13 c). Bei weiterer Steigerung der äußeren magnetischen Feldstärke wird die Magnetisierung des ganzen Bezirkes gegen die Anisotropiekräfte in die Feldrichtung eingedreht, womit dann schließlich in Feldrichtung der Zustand der magnetischen Sättigung vorliegt (Abb. 13 d).

Verfolgt man diese Vorgänge in der graphischen Darstellung der Magnetisierung über der Feldstärke, so ergibt sich folgende, noch etwas verfeinerte Zuordnung (Abb. 15):

Im Bereich sehr kleiner Feldstärken werden die Blochschen Wände zunächst nur sehr wenig aus ihren Gleichgewichtslagen, die sie im feldfreien Raum hatten, herausbewegt. Diese Gleichgewichtslagen stellen Energieminima dar, die meist durch Inhomogenitäten im ferro- oder ferrimagnetischen Körpern fixiert sind. Diese Inhomogenitäten können innere Spannungen, Verunreinigungen, Korngrenzen und verschiedene Arten von Gitterfehlern sein. Bei diesen kleinen Feldstärken be-

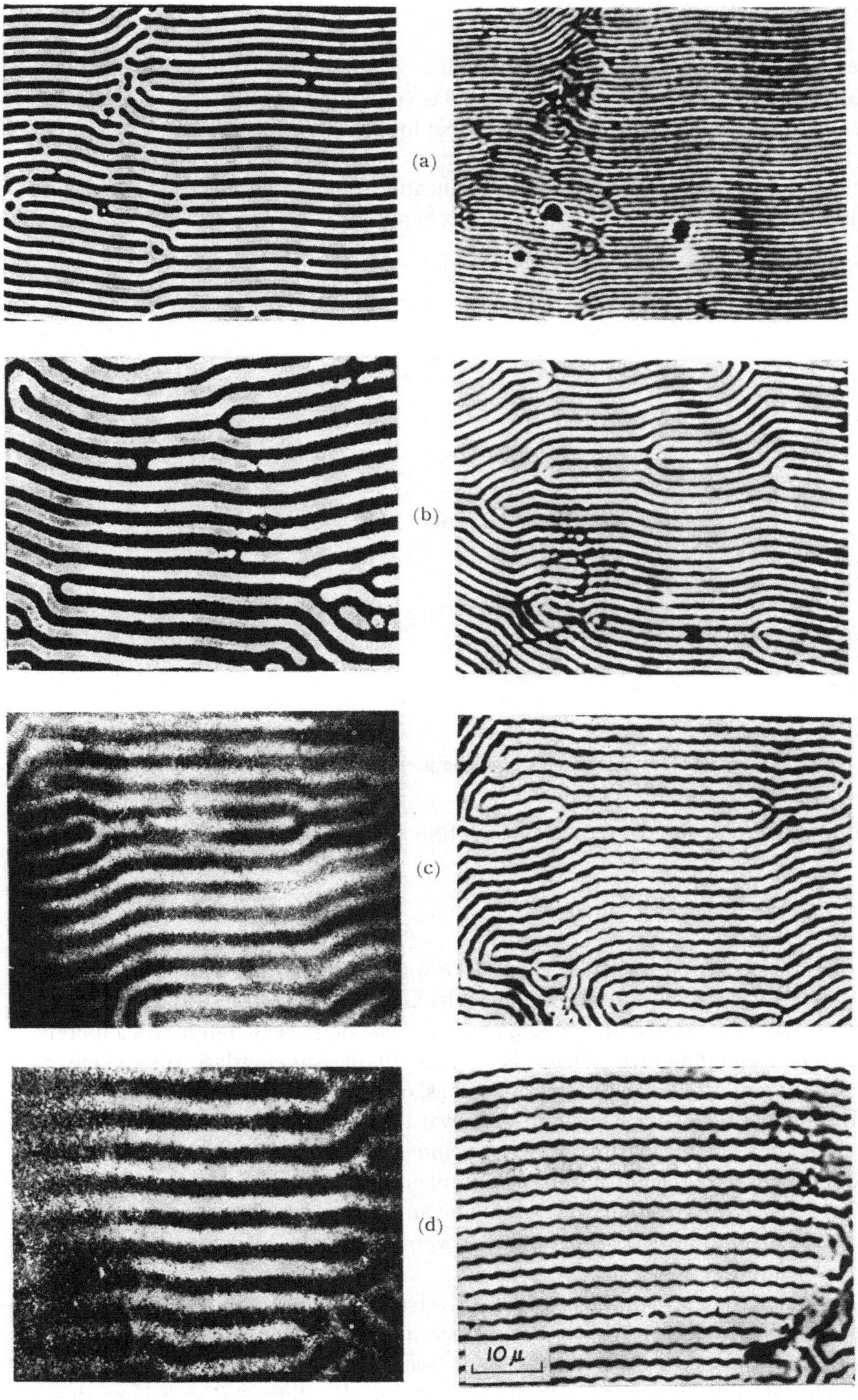

Abb. 14. Magnetische Bereiche auf der Basisfläche von Bariumferrit, sichtbar gemacht durch (rechts) die Kolloidteilchentechnik (Bitter) und (links) mittels Faraday-Effekt, in Abhängigkeit von der Kristallitdicke: (a) 3,2 μm, (b) 7,84 μm, (c) 10,22 μm, (d) 14,14 μm [11]

wegen sich die Blochwände reversibel ähnlich wie Membrane, die zwischen solchen Inhomogenitäten aufgespannt sind. Wird das von außen angelegte Feld wieder abgeschaltet, so kehren die Wände reversibel in ihre alten Lagen zurück. Diesen Bereich der reversiblen Wandbewegung nennt man auch den Bereich der Anfangspermeabilität. Dabei ist unter Anfangspermeabilität der Grenzwert der Permeabilität für verschwindende Feldstärke zu verstehen:

$$\mu_a = \lim_{H \to 0} \frac{B}{\mu_0 H} . \qquad (24)$$

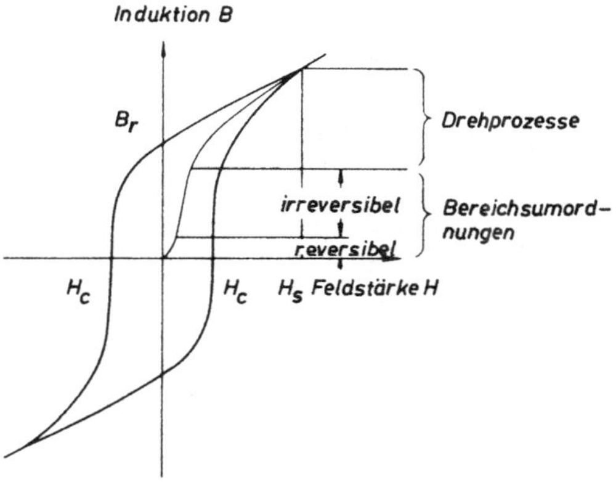

Abb. 15. Zuordnung der verschiedenen Ummagnetisierungsschritte zu den Teilen der Hysteresekurve

Analog wird die Anfangssuszeptibilität definiert:

$$\chi_a = \lim_{H \to 0} \frac{J}{\mu_0 H} . \qquad (25)$$

Bei weiterer Steigerung der Feldstärke werden die auf die Blochwände wirkenden Kräfte so groß, daß sie die ursprüngliche Gleichgewichtslage verlassen und in neue Gleichgewichtslagen übergehen, aus denen sie beim Abschalten des äußeren Feldes im allgemeinen nicht wieder vollständig in die Ausgangslage zurückkehren. Es verbleibt eine irreversible Magnetisierungsänderung. Durch den Übergang der Blochwände in neue Gleichgewichtslagen werden meist größere Volumenelemente des ferro- oder ferrimagnetischen Körpers innerhalb kurzer Zeit ummangnetisiert. Diese sprunghaften Magnetisierungsänderungen bewirken sprunghafte Änderungen der magnetischen Induktion, die durch eine außen um den Körper gelegte Spule in elektrische Spannungsstöße umgewandelt werden können. Sie sind als Barkhausensprünge bekannt.

Im Bereich dieser sprunghaften Wandverschiebungen treten je Einheit der Feldstärkeänderung meist die größten Magnetisierungs- und damit Induktionsänderungen auf. Dieser Bereich enthält daher die maximale Suszeptibilität bzw. Maximalpermeabilität, d. h. den größten Wert, den $\chi = J/\mu_0 H$ oder $\mu = B/\mu_0 H$ längs der Hysteresekurve annehmen kann. In diesem gleichen Bereich, dem steilen Teil der Hysteresekurve, liegt im allgemeinen auch der größte Wert, den die reversible Permeabilität bzw. Suszeptibilität erreichen kann. Darunter wird die mittlere Neigung verstanden, die die Teilhysteresekurven aufweisen, die entstehen, wenn das Magnetfeld um $\Delta \mu_0 H$ geändert wird:

$$\mu_{\mathrm{rev}} = \frac{\Delta B}{\mu_0 \Delta H} \quad \text{bzw.} \quad \chi_{\mathrm{rev}} = \frac{\Delta J}{\mu_0 \Delta H}\,. \tag{26}$$

Gehen die beiden Differenzen ΔB und ΔH gegen Null, so ergibt sich die differentielle Permeabilität bzw. Suszeptibilität:

$$\mu_{\mathrm{diff}} = \lim_{\substack{\Delta H \to 0 \\ \Delta B \to 0}} \frac{\Delta B}{\mu_0 \Delta H} \quad \text{bzw.} \quad \chi_{\mathrm{diff}} = \lim_{\substack{\Delta H \to 0 \\ \Delta M \to 0}} \frac{\Delta J}{\mu_0 \Delta H}\,. \tag{27}$$

Nach Ablauf der Wandverschiebungen wird die Einmündung in die magnetische Sättigung durch die Drehprozesse bestimmt.

Nach Erreichen der magnetischen Sättigung bleibt die Magnetisierung des Ferromagnetikums in Feldrichtung auch bei weiter steigendem magnetischen Feld konstant.

1.10 Die Hysteresekurve

Mit den bisher zusammengestellten Grundtatsachen kann nunmehr das Hystereseverhalten der magnetischen Werkstoffe besprochen werden. Im Abschnitt 1.9 ist bereits auf die Vorgänge beim Magnetisieren eines erstmalig einem magnetischen Feld ausgesetzten Ferromagnetikums eingegangen worden. Die Kurve in Abb. 15, die diese Zusammenhänge veranschaulicht, wird die Neukurve eines Ferromagnetikums genannt. Wird nach Erreichen der Sättigungsfeldstärke H_S das magnetische Feld wieder verkleinert, so dreht sich die Magnetisierung zunächst in die der Feldrichtung nächtsgelegene magnetische Vorzugslage ein. Dann bilden sich zur Verkleinerung der Streufeldenergie des magnetischen Körpers, wie oben bereits beschrieben, magnetische Bereiche aus. Unter der Wirkung des magnetischen Feldes sind jedoch die Magnetisierungsrichtungen energetisch bevorzugt, die eine Komponente in Richtung des vorhandenen Feldes haben.

Geht das Feld gegen Null, so würden sich, falls gegenseitige Einflüsse nicht vorhanden wären, die Magnetisierungen der einzelnen Bereiche parallel zu den nächst gelegenen Vorzugsrichtungen einstellen. Es verbliebe dann eine Restmagnetisierung ohne Feld, die remanente Magnetisierung oder kurz Remanenz J_r. Wegen $H = 0$ ist nach Gl. (5) die remanente Magnetisierung gleich der remanenten Induktion $J_r = B_r$. Falls die Vorzugsrichtungen isotrop über die ganze Lagekugel verteilt wären, verbleibt eine Restmagnetisierung von der Hälfte der Sättigungsmagnetisierung. Dieser Fall tritt bei isotropen keramischen Dauermagnetwerkstoffen, bei denen nämlich die einachsige Kristallanisotropie erheblich größer ist als die magnetische Wechselwirkungsenergie der Bereiche untereinander, in der Tat auf (s. Abschnitt 3.4, dort besonders Abb. 46).

In Abb. 15 ist eine vollständige Hysteresekurve, die also das Verhalten der Magnetisierung in Abhängigkeit von der Feldstärke darstellt, aufgezeichnet.

Wird vom Remanenzzustand aus an den magnetischen Körper ein langsam wachsendes Gegenfeld angelegt, so wachsen durch Verschieben der Wände zwischen den Bereichen zunächst wieder diejenigen Bereiche und nehmen damit in ihrer Magnetisierung zu, deren Magnetisierungsrichtung eine Komponente parallel zur Feldrichtung besitzen. Dabei werden, wie bereits im Abschnitt 1.8 beschrieben, zunächst wieder die Wände reversibel aus ihren energetisch günstigen Lagen verschoben, bis es mit weiter steigender Feldstärke zu den irreversiblen Wandverschiebungen kommt, die den Barkhausen-Effekt verursachen. Für größere negative Feldstärken tritt dann wieder das Eindrehen der gesamten Magnetisierung in die Feldrichtung auf, wodurch der Zustand der negativen magnetischen Sättigung erreicht wird.

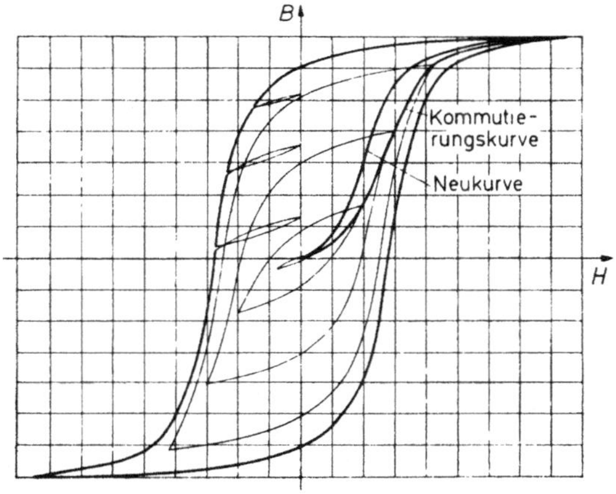

Abb. 16. Hystereseschleifen bei unterschiedlicher Aussteuerung [12]

Sind, wie es in den meisten Dauermagnetwerkstoffen angestrebt wird, im Remanenzzustand keine oder nur wenige Wände vorhanden und liegt die einachsige magnetische Anisotropie mit ihrer leichten Richtung parallel zum Magnetisierungsfeld H_S, so bleibt die Magnetisierung solange konstant, bis entweder Blochwände gebildet werden oder Drehprozesse einsetzen. In diesen Fällen erfolgt dann der Übergang, das „Umklappen" in den Zustand der negativen magnetischen Sättigung, meist sehr steil, d. h. über einen nur kleinen Bereich der Feldstärkenänderung.

Nimmt die negative magnetische Sättigung dem Betrage nach wieder auf Null ab, so werden pauschal die gleichen Schritte durchlaufen, bis der Zustand der negativen Remanenz erreicht ist. Bei Anlegen eines Feldes in der ursprünglichen Feldrichtung durchläuft der Werkstoff im 4. Quadranten der Hysteresekurve dieselben Vorgänge wie im 2. Quadranten und erreicht schließlich mit weiter steigender Feldstärke wieder den Zustand der magnetischen Sättigung. Damit ist die Hysteresekurve geschlossen. Bei weiterem zyklischen Ändern des Magnetfeldes zwischen den Feldstärken $+H_S$ und $-H_S$ oder jeweils größeren Feldstärkewerten durchläuft der magnetische Körper stets wieder die gleichen Magnetisierungszustände.

Werden Hysteresekurven an einem Ferro- oder Ferrimagnetikum mit von Kurve zu Kurve größerer werdender Feldstärke (H) aufgenommen, so entsteht zunächst eine Kurvenschar, bei der stets die folgende Kurve die frühere (mit kleinerem

(H) aufgenommene) einschließt (Abb. 16). Von einem gewissen Wert (H_S) an wird jedoch stets die gleiche Hysteresekurve durchlaufen. Diese äußere Hystereskurve wird auch einfach „die Hysteresekurve" genannt, alle anderen sind „innere Hysteresekurven". Diejenigen Werte von Feldstärke, Induktion und Magnetisierung, die den Maximalwerten im 1. und 3. Quadranten „der Hysteresekurve" entsprechen, werden auch als technische Sättigung bezeichnet.

Die Feldstärke, die durch den Schnittpunkt der äußeren Magnetisierungshysteresekurve mit der Feldstärkeachse gegeben ist, nennt man die Magnetisierungskoerzitivfeldstärke $_JH_C$. Sie ist also diejenige Feldstärke, die notwendig ist, um in einem einmal voll aufmagnetisierten Körper die Magnetisierung wieder zum Verschwinden zu bringen. Bei dieser Feldstärke ist also $J = 0$, d. h. die in Meßrichtung weisende Komponente von J ist gleich groß wie die dazu antiparallele.

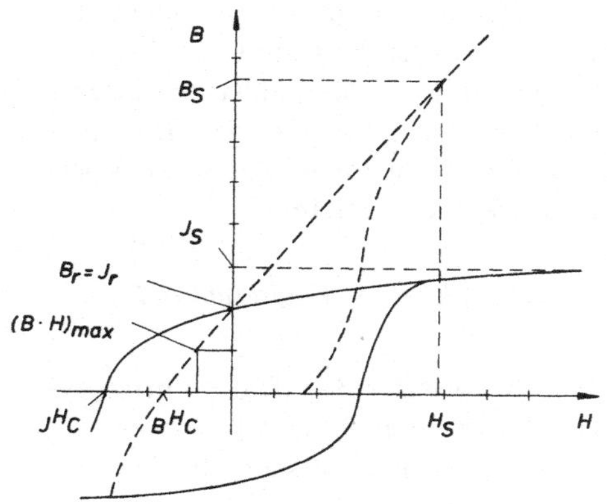

Abb. 17. Magnetisierungs-(ausgezogen) und Induktions- (gestrichelt) Hysteresekurven mit für Dauermagnetwerkstoffe charakteristischen Größen

Diese bisher besprochene Magnetisierungshysteresekurve ist für den Werkstoffentwickler wichtig, da sie die Werkstoffeigenschaft der Magnetisierung in ihrer Abhängigkeit vom Magnetfeld darstellt.

Den Anwender magnetischer Werkstoffe interessiert im allgemeinen nicht so sehr die Magnetisierung, sondern die magnetische Induktion bzw. die Induktionsänderungen, die mit einem magnetischen Werkstoff zu erzielen sind. Für die Anwendung des magnetischen Werkstoffes wird daher die Hysteresedarstellung im Induktions-Feldstärke-Diagramm bevorzugt.

Der Übergang von der Magnetisierungshysteresekurve zur Induktionshysteresekurve ist einfach dadurch zu erzielen, daß jedem Magnetisierungswert der zugehörige Feldstärkewert multipliziert mit μ_0 zuaddiert wird gemäß Gl. (5).

In Abb. 17 sind beide Arten von Hysteresekurven im gleichen Diagramm wiedergegeben. Man erkennt, daß die Kurven sich im Remanenzpunkt wegen $H = 0$ schneiden. Der Schnittpunkt der Induktionskurve mit der Feldstärkenachse ergibt die Induktionskoerzitivfeldstärke $_BH_c$, die im allgemeinen einfach die Koerzitivfeldstärke H_c genannt wird.

1.10.1 Die Ummagnetisierungsarbeit

Bildet man für einen Umlauf um die gesamte Hysteresekurve das Integral

$$A = \frac{1}{2} \int B \, dH - \frac{1}{2} \int H \, dB, \qquad (28)$$

so erhält man die Fläche der Hysteresekurve und damit die Magnetisierungsarbeit je Volumeneinheit des Magnetmaterials.

Wird die magnetische Feldstärke nicht zwischen den Sättigungswerten $+H_S$ und $-H_S$ variiert, sondern zwischen anderen, kleineren Feldstärkenwerten, so laufen im Inneren des Werkstoffes auch meist nur Teile der oben beschriebenen Magnetisierungsvorgänge ab, und es entstehen kleinere Hysteresekurven, die im Innern der äußeren Hysteresekurven liegen. Die Gestalt dieser inneren Hysteresekurven hängt von der Art des Werkstoffes ab und von dem erfaßten Feldstärkebereich. In Abb. 16 sind neben den inneren Entmagnetisierungskurven, die entstehen, wenn man den Betrag der maximalen Feldstärken langsam von 0 bis H wachsen läßt, auch solche dargestellt, die entstehen, wenn die Feldstärkeänderungen nur im Bereich positiver oder nur im Bereich negativer Felder erfolgen. Die im zweiten Quadranten gelegenen inneren Kurven der gezeichneten Art werden bei Dauermagnetwerkstoffen „permanente Zustandskurven" genannt.

1.10.2 Das entmagnetisierende Feld, der Arbeitspunkt eines Magneten und die Scherungsgerade

Im Abschnitt 1.7.3 über die Formanisotropie war der Begriff des Entmagnetisierungsfaktors N eingeführt worden. Nach Gl. (18b) herrscht im Innern eines homogen magnetisierten Körpers mit der Magnetisierung J stets ein Magnetfeld

$$H_M = -N \frac{J}{\mu_0} .$$

Dabei war bei der Integration der Gl. (16) vorausgesetzt worden, daß sich der magnetisierte Körper in unmagnetischer Umgebung (mit $J = 0$) befindet.

Da im Innern eines magnetisierten Körpers (der als homogen magnetisiert angesehen wird, sonst müßte diese Betrachtung für jede „Feldröhre" getrennt ausgeführt werden), der sich in unmagnetischer Umgebung befindet ($J = 0$ außerhalb des Körpers), bereits im feldfreien Raum ein Magnetfeld wirksam ist, addiert sich ein von außen zusätzlich angelegtes Magnetfeld H_a diesem inneren Feld. Die magnetischen Momente im Körper werden also von der (vektoriellen) Summe des inneren und des von außen angelegten Feldes beeinflußt:

$$H = H_M + H_a . \qquad (29)$$

Bei einem ferro- oder ferrimagnetischen Körper in Gestalt eines Toroides, bei dem das Magnetfeld im Innern des Toroids in sich geschlossen verläuft, wie es z. B. durch die in Abb. 18 gezeichnete Spule erzeugt werden kann, ist das Feld $H_M = 0$, da dieses Feld den magnetisierten Körper nirgends verläßt. In diesem Fall ist also das im Innern wirkende Feld gleich dem von der Spule erzeugten Magnetfeld [Gl. (1)]

$$H = H_a = n \, i/l$$

(mit n = Windungszahl, i = Stromstärke und l der mittleren Toroidlänge). Man nennt solche Anordnung auch einen geschlossenen magnetischen Kreis.

Ein Dauermagnet wird jedoch stets dazu benutzt, ein Magnetfeld in einem gewissen Volumen, Arbeitsvolumen, meist dem Luftspalt des magnetischen Kreises, zu erzeugen. Er wird also im offenen Magnetkreis angewendet.

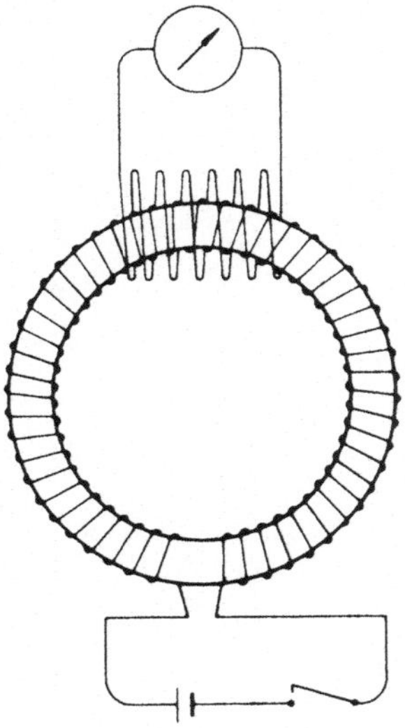

Abb. 18. Geschlossener magnetischer Kreis mit Wicklungen zum Erzeugen des Magnetfeldes H und Meßspule zum Feststellen der Induktion B

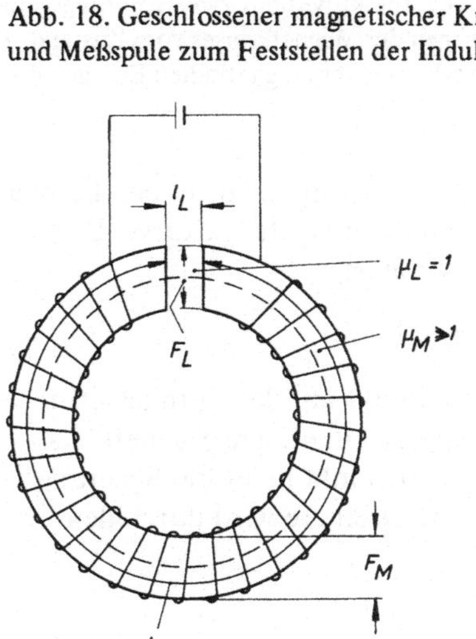

Abb. 19. Magnetischer Kreis mit Luftspalt

Zur Ableitung des magnetischen Zustandes des Dauermagnetmaterials im offenen magnetischen Kreis, also bei Anwesenheit des entmagnetisierenden Feldes, aus der Darstellung der Hysteresekurven der Werkstoffe, ist der Begriff des Arbeitspunktes und der Scherung nützlich. Zu ihrer Ableitung wird von dem geschlossenen Magnetkreis in Abb. 18 zum geöffenten Kreis in Abb. 19 übergegangen:

Vor dem Öffnen des Kreises wird Strom durch die Spule geschickt, der im Innern des Toroids das Feld H_S erzeugt. Dieser Strom wird abgeschaltet. Das Material des Toroids ist nun im Zustand $H = 0$, $B = J_r$. Wird der Kreis durch Herausnehmen eines Stückes der Länge l_L und der Querschnittsfläche F_L geöffnet, so entsteht im Innern des verbleibenden Toroidmaterials (mit der Länge l_M und der Fläche F_M) die Feldstärke

$$H_M = -N \frac{J}{\mu_0} = -\frac{l_L}{l_M + l_L} \frac{J}{\mu_0}.$$

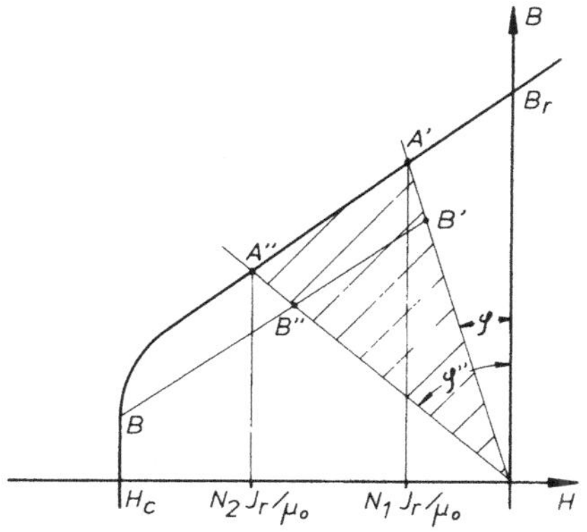

Abb. 20. Hysteresekurve im 2. Quadranten (Entmagnetisierungskurve) mit zwei Scherungsgeraden. Schraffiert die Fläche, die die Scherungsgerade beim Öffnen des Magnetkreises vom Zustand A' zum Zustand A'' überstreicht; sie ist proportional der Änderung der magnetischen Energie je Volumeneinheit des Magnetwerkstoffes

Dadurch bewegt sich der magnetische Zustand des Toroidmaterials in den Bereich negativer Feldstärke, also in den zweiten Quadranten der Hysteresekurve. Der sich dabei einstellende Wert für die magnetische Induktion ist

$$B = B_M = \mu_0 H_M + J = -N J + J = J\,(1-N).$$

Der durch das Wertepaar H_M, B_M festgelegte Punkt auf der Entmagnetisierungskurve heißt der Arbeitspunkt des Magnetmaterials in diesem Magnetkreis.

Die Gerade vom Punkt $H = 0$, $B = 0$ zum Arbeitspunkt heißt die Scherungsgerade dieses Magnetkreises. Ihre Neigung gegen die Ordinate wird durch den Scherungswinkel φ ausgedrückt.

$$\operatorname{tg} \varphi = \frac{H_M}{B_M} = -\frac{1}{\mu_0} \frac{N}{1+N} = -\frac{1}{\mu_0} N' \tag{30}$$

und ist damit unabhängig von den speziellen Eigenschaften des verwendeten Magnetmaterials eine nur von den geometrischen Eigenschaften des Magnetkreises abhängige Größe.

In Abb. 20 ist der 2. Quadrant einer Hysteresekurve dargestellt, in den zwei Scherungsgeraden eingezeichnet wurden. Sie entsprechen z. B. zwei verschieden großen Luftspalten im Magnetkreis der Abb. 19 mit den Längen l_L' und l_L''. Ihnen sind die Wertepaare H', B' mit dem Punkt A' und H'', B'' mit dem Punkt A'' auf der Hysteresekurve zugehordnet. Die mit der Luftspaltänderung im Magnetmaterial je Volumeneinheit auftretende Änderung der magnetischen Energie ist nach Gl. (28)

$$A = -\frac{1}{2}\int_{A''}^{A'} H\,dB + \frac{1}{2}\int_{A''}^{A'} B\,dH$$

oder mit $B = \mu_0 H + J$

$$A = -\frac{1}{2}\int_{A''}^{A'} \mu_0\, H\,dH + \frac{1}{2}\int_{A''}^{A'} H\,dJ + \frac{1}{2}\int_{A''}^{A'} \mu_0\, H\,dH - \int_{A''}^{A'} J\,dH.$$

Da für den idealen Dauermagnet oder bei reversiblem Verhalten des Magnetmaterials zwischen A' und A'', $J = \text{const}$ gilt, ist $d\,J = 0$, der zweite Summand also identisch gleich Null; erster und dritter Summand heben sich identisch auf, so daß sich bei Beachtung von $J = \text{const}$ und $H = -N\,J/\mu_0$ ergibt

$$A = -\frac{1}{2}J\int_{A''}^{A'} dH = \frac{1}{2}\,\frac{J^2}{\mu_0}\int_{N_2}^{N_1} dN = \frac{1}{2}\,\frac{J^2}{\mu_0}\,(N_2 - N_1). \tag{31}$$

Da die Flächen der Dreiecke (s. Abb. 20) $H = 0, B = B_r | H = 0, B = 0 | A''$ und $H = 0, B = B_r | H = 0, B = 0 | A'$ gleich $\frac{1}{2}\,J\,N_2 J_r/\mu_0$ bzw. $\frac{1}{2}\,J\,N_1 J_r/\mu_0$ sind, kann die angegebene magnetische Energie je Volumeneinheit der in Abb. 20 schraffiert bezeichneten Fläche zugeordnet werden. Sie wird in dieser Beschreibungsweise von der von der Scherungsgraden unterhalb der Hysteresekurve überstrichenen Fläche dargestellt.

Beschreiben die beiden durch die Scherungsgeraden $0\,A'$ und $0\,A''$ in Abb. 20 dargestellten Zustände des magnetischen Kreises die beiden Grenzfälle, die dieser Magnetkreis bei seiner Benutzung annehmen kann, z. B. beim Öffnen und Schließen eines Türmagneten, und wird die Hysteresekurve zwischen den Punkten A' und A'' dabei reversibel durchlaufen, so nennt man diesen Teil der Hysteresekurve auch die „permanente Zustandskurve" oder, soweit dies hinreichend zutreffend ist, auch die „permanente Zustandsgerade". Ihre Neigung heißt die „permanente Permeabilität" μ_p oder in der $J(H)$-Darstellung die „permanente Suszeptiblität" χ_p.

Bei einem anisotropen Dauermagnetferritmaterial kann die permanente Zustandskurve in guter Näherung mit der äußeren Entmagnetisierungskurve identisch sein, wenn das Dauermagnetmaterial nicht über den durch die Scherungsgerade OA'' gekennzeichneten Wert hinaus entmagnetisiert worden ist. Sollte der Magnet jedoch bis zu dem Punkt B entmagnetisiert worden sein, z. B. durch zu starkes Scheren (Öffnen des Magnetkreises) (zu großes N_3), so sind die Magnetisierungszustände A'' und A' durch Schließen des Magnetkreises nicht mehr zu erreichen. Das Dauermagnetmaterial nimmt vielmehr Magnetisierungszustände längs der Geraden $B''B'$ an; sie ist nunmehr die permanente Zustandskurve. Bei anisotropen Dauermagnetferriten ist die reversible Permeabilität im geraden und flachen Bereich der Entmagnetisierungskurve praktisch gleich der permanenten Permeabilität auf der äußeren sowohl als auch auf der inneren permanenten Zustandskurven: $\mu_{rev} = \mu_p$. Allerdings sind bei realen anisotropen Ferritmagneten die permanenten Zustandskurven im Innern der Entmagnetisierungskurven schmale Lanzetten, wie Abb. 16 zeigt. –

Bei isotropen Ferritmagneten weichen die permanenten Zustandskurven an allen Stellen der Entmagnetisierungskurven etwas stärker von der äußeren Kurve ab.

Bei der Vergrößerung des Luftspaltes von l'_L auf l''_L wurde mechanische Arbeit

$$A_{\text{mech}} = \int_{l''_L}^{l'_L} P \, dl$$

aufgewendet, wobei P die längs des Weges von l'_L bis l''_L wirkende Kraft ist. Falls keine Verluste auftreten, ist diese mechanisch geleistete Arbeit gleich der Änderung der magnetischen Energie im Magnetwerkstoff je Volumeneinheit, also $A = A_{\text{mech}}$. Die je Volumeneinheit des Magnetwerkstoffes längs des Weges l zur Verfügung stehende Kraft ist

$$P = \frac{dA}{dl} = \frac{1}{2} \; \frac{J^2}{\mu_0} \; \frac{dN}{dl}.$$

Für den in den Abb. 18 und 19 dargestellten Magnetkreis, bei dem $l_L + l_M = l_G$ die Gesamtlänge der Feldlinien konstant ist (Streufeldfreiheit), ergibt dies

$$P = \frac{J^2}{2\,\mu_0} \; \frac{d}{dl_L} \left(\frac{l_L}{l_G} \right) = \frac{J^2}{2\,\mu_0} \; \frac{1}{l_G} \; \frac{\text{N}}{\text{m}^3}.$$

Multiplikation mit dem Volumen des Magnetkreises $l_G \cdot F_L$, wobei F_L die Fläche des Magnetmaterials und bei dessen Konstanz auch die Fläche der den Luftspalt begrenzenden Polschuhe ist, ergibt für die Kraft im Luftspalt (bei Annahme der Streufeldfreiheit)

$$P = \frac{J^2}{2\,\mu_0} F_L \;\; \text{N}. \tag{32}$$

1.10.3 Die Entmagnetisierungskurve und der $(BH)_{\text{max}}$-Wert

Zur Erläuterung des Verhaltens eines Dauermagnetwerkstoffes und auch zum Begründen der Anforderungen, die an ihn zu stellen sind, sollen noch einige Betrachtungen über das Verhalten der magnetischen Kenngrößen in einem durch einen Luftspalt geöffneten magnetischen Kreis angestellt werden.

In einem geschlossenen Ring aus Magnetmaterial (Abb. 18) kann ein magnetisches Feld erzeugt werden, indem dieser Ring mit einem Draht bewickelt wird, durch den ein elektrischer Strom fließt. Die Stärke dieses Feldes soll bis zur Sättigungsfeldstärke gesteigert werden. Schaltet man nun den Strom aus, so nimmt diese Feldstärke ab bis zu $H = 0$. Das Magnetmaterial befindet sich jetzt im Remanenzpunkt $B = B_r = J_r$.

Wird nun, wie in Abb. 19 dargestellt, der magnetische Kreis durch Herausnehmen eines Stückes der Fläche F_L und der Länge l_L geöffnet, so entsteht ein Luftspalt dieser Länge. In ihm läßt sich eine magnetische Feldstärke H_L nachweisen. Da in einem statischen Magnetfeld das Feld H wirbelfrei (rot $H = 0$) und die Induktion B quellenfrei (div $= 0$) ist, so ist bei Integration über den ganzen Raum

$$\int B \, H \;\; dV = 0 \tag{16}$$

oder, wenn die Felder auf den Raum des Toroids beschränkt bleiben,

$$\mu_0 \int_{\text{Luftspalt}} H_L^2 \, dV + \int_{\text{Magnet}} B_M H_M \, dV = 0.$$

Mit $B_L = \mu_0 H_L$ = const im Luftspalt der Länge l_L und der Fläche F_L, $H_L = 0$ außerhalb des Luftspaltes und mit B_M und H_M im Innern des Magnetmaterials der Länge l_M und der Fläche F_M wird

$$H_L^2 F_L l_L = \frac{-1}{\mu_0} B_M H_M F_M l_M$$

und
$$H_L^2 = \frac{-1}{\mu_0} B_M H_M \frac{F_M l_M}{F_L l_L}. \qquad (33)$$

Die Feldstärke im Luftspalt hängt demnach von den durch die Längen und Flächen ausgedrückten geometrischen Verhältnissen des Kreises und dem Produkt aus der magnetischen Induktion und der Feldstärke im Innern des Materials ab. Dabei befinden wir uns, wie das Minuszeichen andeutet, im zweiten Quadranten der Hysteresekurve im Bereich negativer Feldstärke.

Den Abschnitt der Hysteresekurve im zweiten Quadranten nennt man auch die Entmagnetisierungskurve des Werkstoffes. Sie wird begrenzt durch die beiden Punkte $H = 0$, $B = B_r$ und $H = H_c$, $B = 0$. Für diese beiden Punkte verschwindet also das Produkt aus Feldstärke und Induktion. Da beide Größen dazwischen sich nur monoton ändern, muß das Produkt ein Maximum durchlaufen. Den Punkt der Hysteresekurve, der diesem Maximalwert des Produktes entspricht, nennt man den $(BH)_{\max}$-Punkt. In Abb. 17 ist das zu der maximalen Energiedichte gehörige Rechteck im zweiten Quadranten eingezeichnet.

Zur bestmöglichen Ausnützung des Dauermagnetwerkstoffes muß also ein gut dimensionierter Dauermagnetkreis in seinen geometrischen Abmessungen so gewählt werden, daß im Innern des Dauermagnetmaterials eine solche entmagnetisierende Feldstärke H_M entsteht, daß sich mit dem zugehörigen B_M gerade die maximale Energie einstellt.

Bei den bisherigen Betrachtungen wurde die magnetische Streuung vernachlässigt. Magnetische Streufelder treten im allgemeinen überall in magnetischen Kreisen auf. Sie können bisher streng nur durch den Einsatz von Supraleitern unterdrückt werden, da nur bei Supraleitern $\mu = 0$ bzw. $\chi = -1$ ist.

In den oben benutzten Gleichungen werden bei der Berechnung von Dauermagnetkreisen die Streufelder und -Flüsse durch geeignete Korrekturfaktoren berücksichtigt. Hierauf wird in Abschnitt 5 bei der Besprechung der Anwendungen keramischer Magnete eingegangen werden.

1.10.4 Der ideale Dauermagnetwerkstoff

Zum Erzielen eines möglichst großen $(BH)_{\max}$-Wertes, den man auch als „größte permanente Energiedichte" bezeichnen könnte, müssen möglichst hohe Werte der Remanenz und der Koerzitivfeldstärke angestrebt werden. Im günstigsten Fall kann die Remanenz gleich der Sättigungsmagnetisierung

$$B_r = J_r = J_S$$

werden. Dazu muß der durch das Aufmagnetisieren mit einem Feld $H \geqq H_S$ eingestellte Magnetisierungszustand mindestens bis zum Feld $H = 0$ erhalten bleiben. Gelingt es, diesen Magnetisierungszustand auch bei wachsenden negativen Feldstärken aufrechtzuerhalten, so ergibt sich der in Abb. 21 dargestellte Verlauf der Entmagnetisierungskurven: Wegen $J(H) = J_S$ = const nimmt die Induktion $B(H)$ wegen $B = \mu_0 H + J_S$ linear mit H ab und erreicht bei $B = 0$ mit $H_c = J_S/\mu_0$ die Induktionskoerzitivfeldstärke. Solange also J = const für $H > H_c$ bleibt, ist die Induktionskoerzitivfeldstärke unabhängig von der Magnetisierungskoerzitivfeldstärke $_J H_c$ und die Entmagnetisierungskurve eine Gerade. Dann ist die größte permanente Energiedichte

$$(BH)_{\max} = \frac{B_r \cdot H_c}{4} = \frac{J_S^2}{4\,\mu_0} \tag{34}$$

nur noch von der Sättigungsmagnetisierung abhängig.

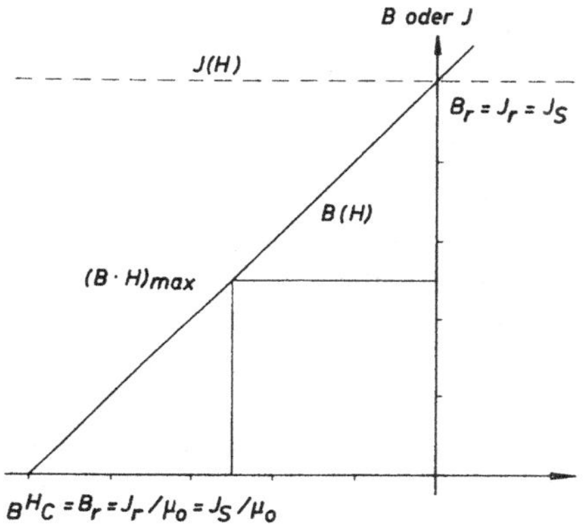

Abb. 21. Die Entmagnetisierungskurve des idealen Dauermagneten

1.11 Wirbelstromverluste

Im Abschnitt 1.1 war bei der Einführung des Begriffes der magnetischen Induktion erwähnt worden, daß sich ein sich änderndes magnetisches Feld mit ringförmigen elektrischen Feldlinien umgibt. Dies trifft natürlich auch für magnetische Feldlinien zu, die im Innern ferromagnetischer Körper verlaufen. Hat dieser ferromagnetische Körper eine gute elektrische Leitfähigkeit, wie es bei den Metallen der Fall ist, so verursachen diese induzierten elektrischen Felder elektrische Ströme, die sogenannten Wirbelströme. Wie jeder andere elektrische Strom erzeugen sie Stromwärme $A = i^2 R_E$, wobei R_E der elektrische Widerstand längs der Strombahn ist.

Bei den metallischen Magnetwerkstoffen versucht man durch Unterteilen des magnetischen Werkstoffes und Einfügen von elektrisch nicht leitenden Zwischenschichten der Ausbildung dieser Wirbelströme entgegenzuwirken. Transformatoren- und Spulenkerne aus metallischem Magnetwerkstoff sind daher lamelliert oder bestehen aus Metallpulvern, deren Pulverpartikel oberflächlich Isolierschichten tragen und die zur gewünschten Form zusammengepreßt werden.

Da jedoch die induzierte elektrische Feldstärke der Änderungsgeschwindigkeit des magnetischen Feldes proportional ist, ist auch dem Einsatz der Magnetpulverkerne nach höheren Frequenzen hin im Bereich von einigen hundert kHz eine Grenze gesetzt.

Erst durch die Einführung magnetkeramischer Werkstoffe, bei denen günstige magnetische Eigenschaften mit hohem elektrischen Widerstand kombiniert sind, wurde die Anwendung magnetischer Werkstoffe bis zu erheblich höheren Frequenzen möglich. Es stehen heute magnetische Werkstoffe zur Verfügung, die bis zu über 10^9 Hz noch eine Permeabilität von etwa 10 aufweisen.

In der Darstellung der elektrischen Eigenschaften mit Hilfe der Energiezustände der Ladungsträger, dem Bändermodell, sind die magnetkeramischen Werkstoffe, die ja im wesentlichen Ionenkristalle sind, durch einen großen Abstand zwischen

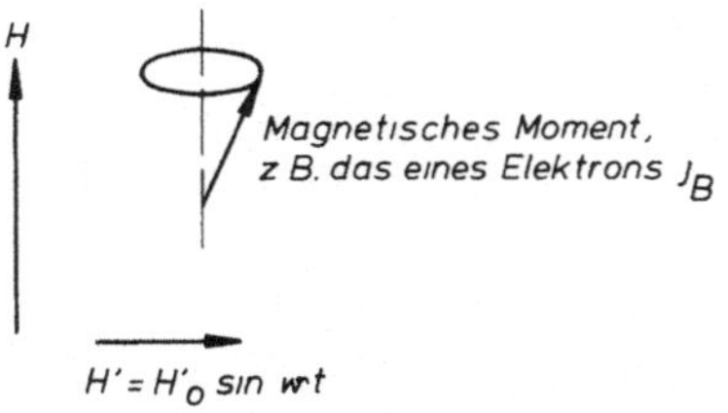

Abb. 22. Zum Veranschaulichen der Elektronenspinresonanz

Valenz- und Leitfähigkeitsband gekennzeichnet. Dieser Bandabstand ist im allgemeinen erheblich größer, als der thermischen Anregungsenergie bei den Gebrauchstemperaturen dieser Werkstoffe entspricht. Die Zahl der für den elektrischen Strom zur Verfügung stehenden Ladungsträger ist daher hauptsächlich davon abhängig, ob Störterme vorhanden sind, deren Energie so nahe am Valenz- oder Leitfähigkeitsband liegt, daß sie thermisch ionisiert werden können, so daß Löcherleitung im Valenzband (*p*-Leitung) oder Elektronenleitung im Leitungsband (*e*-Leitung) entsteht. Man kann daher vorwiegend dann mit kleiner Leitfähigkeit und damit geringen Wirbelstromverlusten rechnen, wenn reine Substanzen benutzt werden, die möglichst gleichmäßig stöchiometrisch gehalten werden, da zum Beispiel ein Fe^{++} Ion in einem Fe_2O_3-Gitter bereits als Störterm wirkt. Die niedrige elektrische Leitfähigkeit und die damit zusammenhängende Wirbelstromfreiheit ist für einige Anwendungen keramischer Dauermagnete von Interesse.

1.12 Magnetische Resonanzen

Außer den Hysterese- und den Wirbelstromverlusten gibt es noch andere Mechanismen, durch die elektromagnetische Feldenergie in meist unerwünschter Weise dem angelegten Feld entzogen und in das Gitter des magnetischen Werkstoffes abgeleitet wird. Diese Resonanzphänomene haben nach Einführung der magnetkeramischen Werkstoffe besondere Aufmerksamkeit gewonnen, da sie erst in ihnen wegen der Vermeidung der Wirbelstromeffekte als das ganze Volumen der Körper erfassende Erscheinungen beobachtet werden konnten. Zum Verständnis dieser Resonanzerscheinungen wird, wie in Abb. 22 schematisch dargestellt, ein magnetisches Moment j_B in einem magnetischen Feld H betrachtet. Durch dieses Feld H ist das Moment j_B parallel zur Feldrichtung ausgerichtet. Wirkt nun ein magnetisches Wechselfeld H' senkrecht zu dem magnetischen Gleichfeld H, so wird das Moment j_B periodisch aus der Richtung des Feldes H ausgelenkt. Durch das Gleichfeld H existiert also eine rücktreibende Kraft, und da das magnetische Moment j_B an eine Masse gebunden ist, existiert auch eine Trägheit. Damit sind die Voraussetzungen für das Auftreten von Resonanzeffekten gegeben.

Die Resonanzbedingung für Elektronen lautet

$$\omega_r = \frac{j_B}{p_1} H \tag{35}$$

mit der Kreisfrequenz $\omega_r = 2\,\pi\,\nu$ (ν = Frequenz), p_1 dem Drehmoment zur Quantenzahl l, $p_1 = l\,h/2\,\pi$ (h = Plancksches Wirkungsquantum) und dem magnetischen

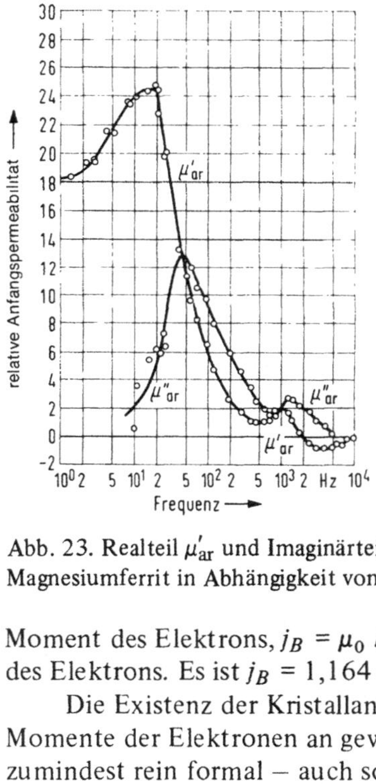

Abb. 23. Realteil μ'_{ar} und Imaginärteil μ''_{ar} der relativen komplexen Anfangspermeabilität von Magnesiumferrit in Abhängigkeit von der Frequenz bei Zimmertemperatur [13]

Moment des Elektrons, $j_B = \mu_0\, h\, e\,/4\,\pi\, m$ mit e und m der Ladung und der Masse des Elektrons. Es ist $j_B = 1{,}164 \cdot 10^{-20}$ Vsm.

Die Existenz der Kristallanisotropieeffekte, durch die die magnetischen Momente der Elektronen an gewisse Kristallrichtungen gebunden sind, kann – zumindest rein formal – auch so dargestellt werden, als wirke ein innerkristallines Magnetfeld H_A (s. Abschnitt 1.7.5) auf die Elektronenmomente. Bezüglich der magnetischen Resonanzerscheinungen wirken jedenfalls die Anisotropiekräfte wie derartige innere Magnetfelder und damit so wie das oben besprochene und in Abb. 22 schematisch dargestellte magnetische Gleichfeld H. Erreicht nun die Frequenz des von außen angelegten magnetischen Wechselfeldes die Resonanzbedingung, so macht sich dies in einer starken Energieabsorption aus dem Wechselfeld in dem magnetischen Körper bemerkbar.

In Abb. 23 sind derartige Absorptionsmaxima (ausgedrückt durch den Imaginärteil der komplexen Permeabilität) für einen Magnesiumferrit dargestellt.

Daneben gibt es noch einige weitere Erscheinungen von Energiedissipation, die stark frequenzabhängig sind und damit auf Resonanzeffekte deuten.

Im Abschnitt 1.8, bei der Besprechung der magnetischen Bereiche und der Bereichswände, war bereits darauf hingewiesen worden, daß diesen Wänden eine erhöhte Energiedichte und eine Trägheit zugeordnet werden könne. Im Abschnitt 1.9 ist erwähnt worden, daß diese Wände an Gitterinhomogenitäten im allgemeinen örtlich fixiert sind und sich zwischen solchen fixierten Gebieten bei kleinen auf sie wirkenden Kräften ähnlich bewegen wie aufgespannte Membrane. Auch hier sind also die Bedingungen für ein Resonanzverhalten gegeben. Einige in magnetkeramischen Werkstoffen beobachtete Absorptionsmaxima konnten in ihrer Frequenz eindeutig den theoretischen Erwartungen für solche Blochwandresonanzen zugeordnet werden [3].

Von den metallischen Magnetwerkstoffen ist der Snoek-Effekt bekannt. Da die resultierende Magnetisierung innerhalb einer Blochwand eine andere Richtung aufweist als die Magnetisierungen der durch sie getrennten Bezirke, ist innerhalb der Blochwand der durch die Magnetostriktion verursachte Spannungszustand von dem im Inneren der Bezirke verschieden. Verunreinigungsatome, die auf Zwischengitterplätze gehen, ordnen sich daher innerhalb der Blochwand bevorzugt in solchen Gitterrichtungen an, in denen das Gitter entsprechend aufgeweitet ist. Wird nun eine Blochwand über ihre ehemalige Ruhelage durch ein magnetisches Wechselfeld periodisch hinwegbewegt, so tritt dann ein resonanzähnlicher Effekt ein, wenn die Frequenz der Blochwandbewegung mit der bei der Versuchstemperatur gegebenen Platzwechselfrequenz der Verunreinigungsatome übereinstimmt.

Es wurde darauf hingewiesen [3], daß es in gewissen Ferriten einen ähnlichen Effekt gäbe, bei dem jedoch statt des Platzwechsels der Verunreinigungsatome eine Umordnung der Elektronenkonfiguration auftritt.

Durch Messen und Analysieren von Resonanzerscheinungen lassen sich recht weitgehende Aussagen über die in magnetischen Werkstoffen bei Magnetisierungsänderungen ablaufenden Vorgänge machen, besonders wenn dabei noch die Orientierung der Proben im Feld und ihre Bereichkonfiguration geändert werden; so kann z. B. über die Anisotropiefeldstärke H_A die Kristallanisotropieenergiekonstante K gemäß Gl. (20) bestimmt und der Übergang von der Ein- zur Mehrbereichskonfiguration untersucht werden [14].

2. Das Messen der magnetischen Eigenschaften

Das Messen magnetischer Werkstoffeigenschaften ist im allgemeinen recht schwierig und aufwendig, da es nur wenige magnetische Größen gibt, die mit einfachen Mitteln direkt erfaßt werden können. Meist müssen die magnetischen Eigenschaften auf dem Umweg über elektrische Messungen ermittelt werden.

Lediglich für das Bestimmen des magnetischen Moments bzw. der Magnetisierung gibt es magnetomechanische Methoden, die man als direkte Messung magnetischer Größen bezeichnen könnte.

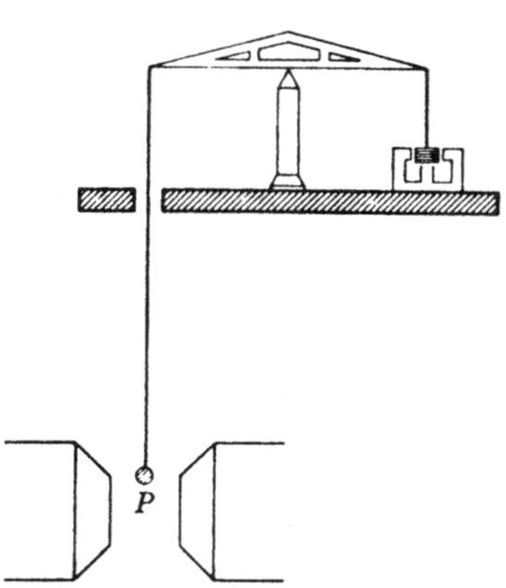

Abb. 24. Schema der Suszeptibilitätsmessung mit der magnetischen Waage [17]

2.1 Die Suszeptibilität

Das Messen der magnetischen Suszeptibilität erfolgt am günstigsten mit Hilfe der magnetischen Waage. Dabei wird die Kraft bestimmt, mit der eine Probe des Volumens V in ein magnetisches Feld hingezogen oder aus ihm herausgedrängt wird:

$$P = \chi H V \frac{dH}{dx}. \tag{36}$$

Das Schema einer solchen Anordnung ist in Abb. 24 gezeigt. Durch geeignete Gestaltung der Polschuhe gelingt es in einem für praktische Messungen ausreichend großen Volumen das Produkt $H\ dH/dx$ = const zu machen. Außerdem kann durch das Benutzen von Eichproben eine weitgehende Unabhängigkeit von apparativen Einflüssen erreicht werden. – Dieses Meßverfahren ist auch wegen der Unabhängigkeit von der Probeform besonders günstig; es werden nur kleine Probemengen benötigt, die auch in Pulverform vorliegen dürfen.

2.2 Das magnetische Moment und die Sättigungsmagnetisierung

Natürlich kann die Magnetisierung für jeden Punkt der Hysteresekurve und die technische Sättigungsmagnetisierung jeder Darstellung der ganzen Hysteresekurve entnommen werden. Hierauf wird im Abschnitt 2.6 hingewiesen werden. An dieser Stelle sollen die wichtigsten Methoden genannt werden, die zum getrennten Messen der Sättigungsmagnetisierung zur Verfügung stehen.

Bei allen Magnetisierungsmessungen, bei denen die Probe nicht einen geschlossenen magnetischen Kreis darstellt, muß das entmagnetisierende Feld berücksichtigt werden. Lediglich bei Feldstärken, die größer als die Sättigungsfeldstärke H_S sind, ist die Magnetisierung feldstärkeunabhängig und damit auch unabhängig von der Gestalt der Probe. Die Messung der Sättigungsmagnetisierung kann daher induktiv

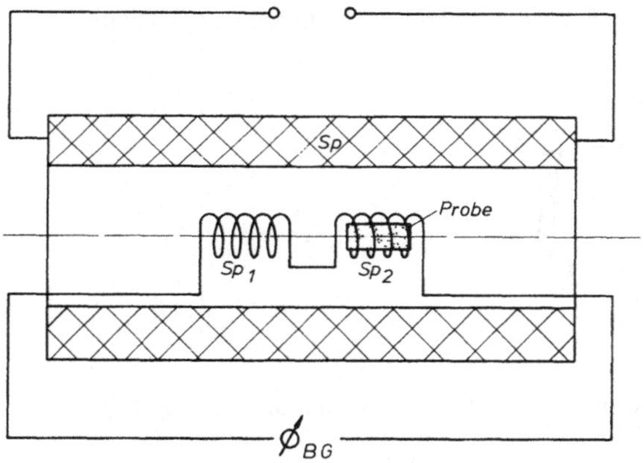

Abb. 25. Anordnung zur induktiven Messung der Sättigungsmagnetisierung. *Sp* felderzeugende Spule; Sp_1 und Sp_2 Meßspulen gleicher Abmessungen und Windungszahlen, aber mit umgekehrtem Wicklungssinn, deren eine die Probe eng umschließt, beide symmetrisch und im homogenen Bereich des Feldes der Spule *Sp* angeordnet; *BG* ballistisches Galvanometer

in der in Abb. 25 schematisch gezeichneten Anordnung erfolgen: Die beiden Meßspulen Sp_1 und Sp_2 sind gleich und umgekehrt gewickelt. Wird durch die Spule *Sp* ein Strom geschickt, so daß das Feld in ihrem Innern $H > H_S$ ist, und wird dann die Stromrichtung umgepolt, so erhält das ballistische Galvanometer einen Spannungsstoß, der sich aus folgenden Anteilen zusammensetzt:

$$\int_H^{-H} U\,dt = -\underbrace{\int_H^{-H} d\phi}_{\text{Spule 1}} + \underbrace{\int_H^{-H} d\phi}_{\text{Spule 2}} + \underbrace{F\int_{J_S}^{-J_S} dJ}_{\text{Probe}} - F\int_{J_S}^{-J_S} N\,dJ = 2\,F(1-N)\,J_S.$$

Die Genauigkeit der Messung hängt dabei im wesentlichen von der Präzision ab, mit der die Spulenfläche F den Probenquerschnitt erfaßt und der Entmagnetisierungsfaktor N der Probe bestimmt werden kann.

Auch das im vorigen Abschnitt bereits erwähnte Prinzip der magnetischen Waage kann zum Messen der Sättigungsmagnetisierung benutzt werden. Aus Gl. (36) wird mit $J = \chi H$ die Gl. (6b):

$$P = JV\frac{dH}{dx}.$$

Um Instabilitäten bei dieser Wägung weitgehend zu vermeiden, werden horizontale Waagen benutzt. Abb. 26 zeigt ein Beispiel schematisch.

Eine solche Apparatur läßt sich auch leicht mit Hilfe eines Materials bekannter Sättigungsmagnetisierung eichen (reines Nickel ist eine vielbenutzte Eichsubstanz). Bei Benutzung einer Eichprobe entfällt das Ausmessen des Feldgradienten am Ort der Probe. Dies ist also nur bei Absolutmessungen notwendig. Es muß jedoch darauf geachtet werden, daß die zu messende Probe an den gleichen Ort kommt, an dem sich die Eichprobe befand, und daß die Abmessungen beider Proben ähnlich sind. Die Methode gestattet es auch, die Temperaturabhängigkeit der Sättigungsmagnetisierung mit verhältnismäßig einfachen Mitteln zu bestimmen, in dem entweder ein Ofen oder ein Kühlmantel um die Probe angeordnet wird. Dabei muß natürlich sorgfältig darauf geachtet werden, daß diese Zusatzeinrichtungen den Verlauf des

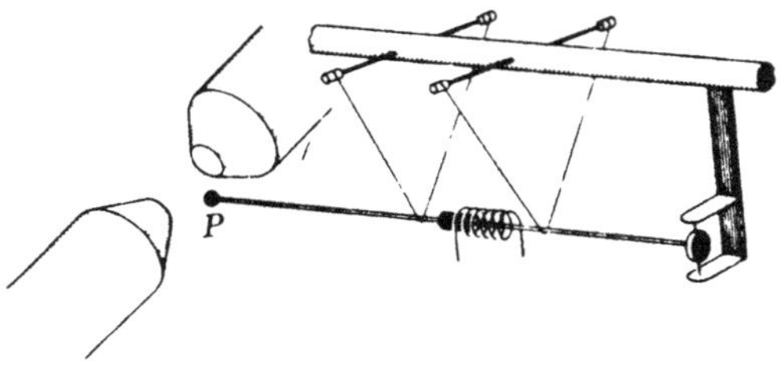

Abb. 26. Horizontale magnetische Waage zum Messen der Sättigungsmagnetisierung [17]

Magnetfeldes nicht stören und die auftretenden Kräfte durch eventuell auftretende Konvektionsströme beeinflußt werden können.

Beim Messen der Sättigungsmagnetisierung muß allerdings darauf geachtet werden, daß am Ort der Probe auch stets die Sättigungsfeldstärke erreicht wird. Hierbei ist gegebenenfalls zu beachten, daß die Kristallanisotropienergie sich mit der Temperatur ändert, die erforderliche Sättigungsfeldstärke in anderen Temperaturbereichen also höher sein kann.

2.3 Die magnetische Feldstärke

Für das Innere langer, zylindrischer Spulen kann die Feldstärke aus der Grundbeziehung $H = ni/l$ abgeleitet werden [Gl. (1)].

Beliebige Felder lassen sich aufgrund ihrer Kraftwirkungen auf magnetische Dipole nach den Gln. (6a) und (6b) in Abschnitt 1.4 punktweise vermessen. Heute werden zu diesem Zweck meist Festkörperbauelemente benutzt, die auf dem Halleffekt oder der starken Änderung des elektrischen Widerstandes mancher Werkstoffe im Magnetfeld beruhen, da daraus aufgebaute Meßsonden viel einfacher zu handhaben sind. Aus solcher punktweiser Aufnahme eines Feldes kann seine Darstellung mit Feldlinien aufgebaut werden, nachdem den Feldstärken eine gewisse Feldliniendichte zugeordnet worden ist; die Richtung des Feldes in jedem Punkt entspricht der Richtung der Kraft P in Gl. (6b) und der Tangente an die durch diesen Punkt gezogene Feldlinie.

Früher wurden Feldstärken in beliebigen Feldern oft mit dem magnetischen Spannungsmesser bestimmt. Abb. 27 zeigt das Schema dieser Meßanordnung. Da im magnetostatischen Feld zwischen zwei beliebigen Punkten A und B für jeden Weg s gilt

$$\int_A^B H\,ds = -\int_B^A H\,ds\,,$$

kann die magnetische Feldstärke zwischen den beiden Punkten A und B mit dem Abstand l angegeben werden mit

$$H = \frac{\int_A^B H\,ds}{l}$$

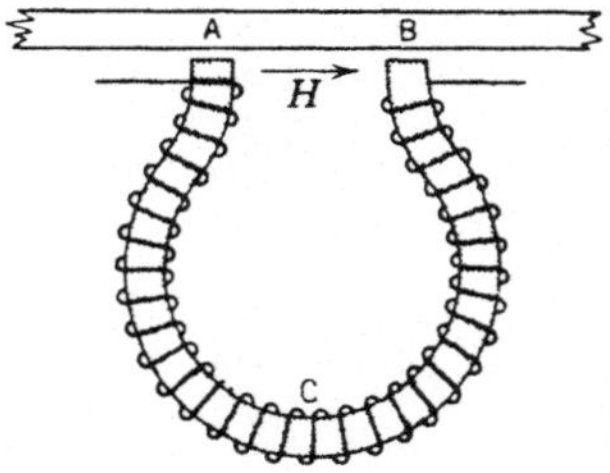

Abb. 27. Magnetischer Spannungsmesser (schematisch) [17]

Der Spannungsmesser besteht daher aus einer z. B. auf einem unmagnetischen, flexiblen Material aufgewickelten Spule. Zum Messen der magnetischen Feldstärke werden die Enden der Spule an die beiden Punkte A und B gebracht; wird dann die Spule aus dem Feld bis in ein feldfreies Gebiet entfernt oder die Enden der flexiblen Spule zusammengefügt oder das Feld abgeschaltet, so kann mit der Spulenfläche F aus dem Spannungsstoß die mittlere Feldstärke zwischen den Punkten A und B mit dem Abstand l ermittelt werden (n = Windungszahl).

$$H = \frac{1}{\mu_0 l F n} \int_{H}^{0} U\,dt.$$

Zum Messen der magnetischen Feldstärke im Innern magnetischer Werkstoffe wird von der Stetigkeit der Tangentialkomponente des Magnetfeldes an der Oberfläche ausgegangen. Die Genauigkeit der Messung hängt damit davon ab, inwieweit es gelingt, das Feld im Innern des Magnetkörpers und in seiner Umgebung homogen zu machen. Bei homogenem Feld kann die Feldstärke im Material durch Messen an oder in unmittelbarer Nähe der äußeren Oberfläche, also im allgemeinen in Luft, z. B. mit einem magnetischen Spannungsmesser oder einer Hall-Sonde, bestimmt werden.

2.4 Die Koerzitivfeldstärke

Auch die Koerzitivfeldstärke, und zwar sowohl die Magnetisierungs- als die Induktionskoerzitivfeldstärke, kann aus der Hysteresekurve entnommen werden. Bei Geräten, die nur die Induktionshysteresekurve (B in Abhängigkeit von H) aufzunehmen gestatten, muß bei der Wiedergabe der Entmagnetisierungskurve allerdings darauf geachtet werden, daß die Kurve weit genug in den 3. Quadranten hinein ausgefahren wird, um die Magnetisierungskoerzitivfeldstärke ablesen zu können. Bei Geräten, die die Entmagnetisierungskurve direkt aufzeichnen, kann die Induktionskoerzitivfeldstärke leicht durch Einzeichnen der $B = 0$ Geraden gefunden werden (s. Abschnitt 2.3). Hier ist allerdings zu beachten, daß die Ermittlung des $(BH)_{max}$-Wertes etwas schwieriger ist.

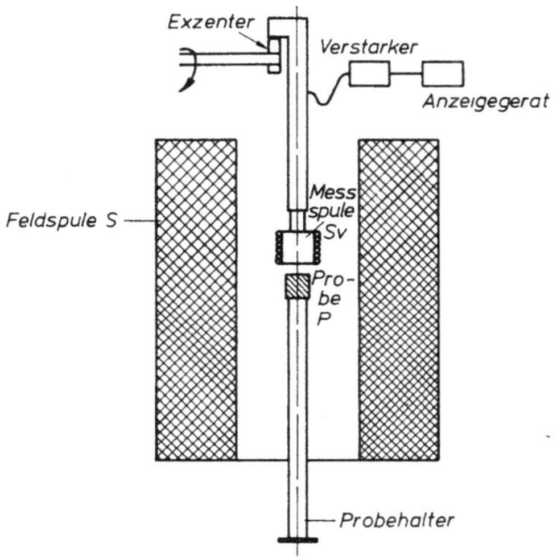

Abb. 28. Vibrationskoerzimeter (schematisch)

In Koerzimetern kann die Magnetisierungskoerzitivfeldstärke auch direkt bestimmt werden. In Abb. 28 ist das Prinzip dieses Meßsystems schematisch dargestellt: Im Innern der Spule S ist die Probe P angeordnet. In der Nähe der Probe befindet sich die Spule S_v, die parallel zu ihrer Achse hin und her bewegt werden kann. Es ist auch möglich, die Spule S_v fest einzubauen und die Probe axial beweglich anzuordnen. Die Probe kann entweder bereits magnetisiert eingebracht oder durch einen Stromstoß am Meßort magnetisiert werden. Durch die Spule S wird ein Gleichstrom geschickt, der im Innern der Spule ein der Magnetisierung entgegengerichtetes Feld erzeugt. Vibriert nun die Spule S_v oder die Probe P in axialer Richtung, so ändert sich auf Grund des Streufeldes der Probe die Magnetisierung in der Spule S_v mit der Vibrationsfrequenz und die entsprechende Wechselspannung kann von der Spule abgeleitet, verstärkt und angezeigt werden. Erreicht das Im Innern der Spule S durch den durch die Spule fließenden Strom erzeugte Magnetfeld den Wert der Magnetisierungskoerzitivfeldstärke, so muß die Magnetisierung der Probe verschwinden, die an der Spule S_v abgegriffene Spannung zu Null werden. Bei weiter ansteigendem Feld der Spule S muß dann wieder eine Spannung an der Spule S_ν abgenommen werden können. Damit läßt sich durch Messen des in der Spule S im Augenblick des 0-Durchganges der an der Spule S_ν abgegriffenen Spannung fließenden Stromes die Magnetisierungskoerzitivfeldstärke der Probe P ermitteln. Hierbei handelt es sich um eine Absolutmessung.

Diese Meßmethode gestattet auch verhältnismäßig einfach die Aufnahme der Temperaturabhängigkeit der Koerzitivfeldstärke: Über die Probe braucht zu diesem Zweck nur ein Ofen oder ein Kühlmantel geschoben zu werden. Allerdings ist darauf zu achten, daß durch diese Zusatzeinrichtungen die magnetischen Verhältnisse nicht verfälscht werden.

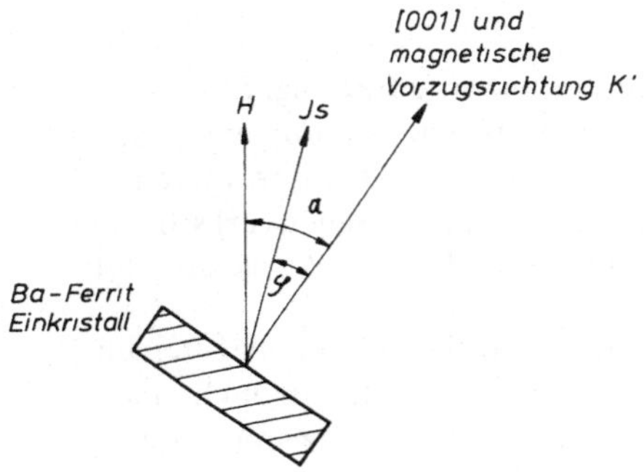

Abb. 29. Bariumferrit-Einkristall mit der Magnetisierung J_S im Magnetfeld H

2.5 Die Kristallanisotropieenergie

Eine Messung der Kristallanisotropieenergie, die sich direkt an die Definition dieser magnetischen Werkstoffkenngröße anschließt, ist für die hier zu besprechenden Werkstoffe streng nicht möglich, da Einkristalle ausreichender Größe nicht zur Verfügung stehen. Allerdings erlaubt die Messung der Hysteresekurven im 1. Quadranten an hochgradig texturierten „Pseudoeinkristallen" eine näherungsweise Überprüfung der Kristallanisotropieenergie [15].

Die Genauigkeit dieser Methode kann durch röntgenographische Bestimmung des Texturgrades und seiner Berücksichtigung bei der Errechnung der Konstanten der Kristallenergie aus der Magnetisierungsarbeit gesteigert werden [16].

An kleinen Einkristallen, die z. B. aus Salzschmelzen gewonnen werden können, kann die Kristallanisotropieenergie aus dem Drehmoment ermittelt werden, das solche Kristallite im homogenen Magnetfeld erfahren (s. Abb. 29): Ein Magnetfeld H übt auf die Magnetisierung J_S, mit der es den Winkel α-φ einschließt, das auf die Volumeneinheit bezogene Drehmoment $M_1 = -H J_S \sin(\alpha - \varphi)$ aus [Vgl. Gl. (6a)]. Das entsprechende Drehmoment, das die Magnetisierung J_S durch die magnetische Kristallanisotropie K' erfährt, ist $M_2 = -K' \sin 2\varphi$. Im stationären Fall, d. h. solange die Magnetisierung J_S zwischen der Vorzugslage und der Feldrichtung liegt, sind die beiden auf J_S wirkenden Drehmomente gleich groß. Für $\alpha = 90°$ ergibt dies:

$$\sin \varphi = \frac{H J_S}{2 K'} = \frac{H}{H_A}, \tag{37}$$

wobei nach Abschnitt 1.7.5, Gl. (20) das Anisotropiefeld $H_A = 2 K/J_S$ eingeführt wurde. Für $H \geqslant H_A$ wird $\alpha = \varphi$ und damit $M_1 = 0$ und $M_2 = -K' \sin 2\alpha$. Hieraus kann durch Messen des Drehmoments M_2 und des Winkels α die Kristallanisotropiekonstante ermittelt werden, ohne daß für $H > H_A$ die Feldstärke gemessen werden braucht.

Natürlich kann diese Methode auch auf polykristalline Proben mit Textur bei entsprechender Korrektur für den Texturgrad angewandt werden.

2.6 Das Aufnehmen der Entmagnetisierungskurve

Die Hysteresekurve im 2. Quadranten, die sogenannte Entmagnetisierungskurve, gibt zusammen mit der Angabe der Sättigungsmagnetisierung eine fast vollständige Information über die an einem Dauermagnetwerkstoff interessierenden Eigenschaften. Dies ergibt sich schon daraus, daß ein Dauermagnetwerkstoff bei der Anwendung stets im Gebiet des 2. Quadranten der Hysteresekurve arbeitet (s. Abschnitt 1.10.2).

Zum Aufnehmen der Hysteresekurve wird der Prüfkörper im allgemeinen zwischen die Polschuhe eines Elektromagneten so eingebracht, daß auch in seiner Umgebung das Magnetfeld noch ausreichend homogen ist. Dann kann mit einer den Prüfling eng umfassenden Spule die Induktion B gemessen werden. Wegen der Stetigkeit von B und wegen der Konstanz des magnetischen Flusses Φ (Induktion B multipliziert mit der Fläche der Probe ergibt den magnetischen Fluß Φ) im gesamten magnetischen Kreis, kann die Induktion grundsätzlich auch an anderen Stellen des Magnetkreises gemessen werden.

Bei der Messung der magnetischen Feldstärke H wird meist von der Tatsache Gebrauch gemacht, daß die Tangentialkomponente von H die Oberfläche eines Ferromagnetikums stetig durchsetzt. Wird also für ausreichende Homogenität des Magnetfeldes im Arbeitsluftspalt des Elektromagneten gesorgt (s. Abb. 30) so kann durch Messen der Feldstärke außerhalb der Probe, jedoch nahe der Probenoberfläche,das magnetische Feld im Innern der Probe in hinreichender Näherung bestimmt werden.

Wird neben der Probe eine Spule gleicher elektrischer Eigenschaften angeordnet wie diejenige, die die Probe umgibt und mit deren Hilfe der magnetische Fluß Φ bzw. die Flußdichte oder Induktion B gemessen werden soll, und ist das Magnetfeld auch über den Bereich dieser zusätzlichen Spule hinweg noch homogen, so gestattet diese Anordnung die direkte Messung der Magnetisierung $J = B - \mu_0 H$, da die eng um die Probe angeordnete Spule einen der Induktion B proportionalen und die daneben angeordnete Spule einen dem Feld H proportionalen elektrischen Spannungsstoß liefert. Werden beide Spulen also gegeneinander geschaltet, so liefert diese Anordnung einen der Magnetisierung J proportionalen Spannungsstoß (Abb. 31).

Von dieser grundsätzlichen Anordnung gibt es viele Variationsmöglichkeiten, von denen ein großer Teil in kommerziell erhältlichen Geräten realisiert ist. Dabei werden heute in vielen Fällen Hall-Sonden anstelle von Spulen zum Messen magnetischer Felder benutzt. In einigen Geräten sind auch die der Induktions- bzw. Magnetisierungsmessung dienenden Spulen- oder Hall-Sonden in die Polschuhe verlegt worden. Diese Anordnungen haben den Vorteil, das Ausmessen des Probenquerschnitts und das eventuelle Anbringen von Korrekturfaktoren zur Berück-

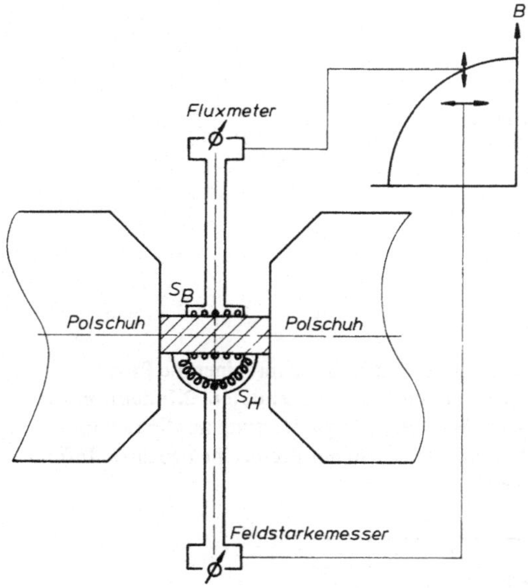

Abb. 30. Anordnung eines Dauermagneten im Eisenjoch eines Elektromagneten zum Aufnehmen der Entmagnetisierungskurve. Zum Messen der Induktion ist eine Spule S_B um den Prüfkörper gewickelt, die Spule des magnetischen Spannungsmessers ist mit S_H bezeichnet

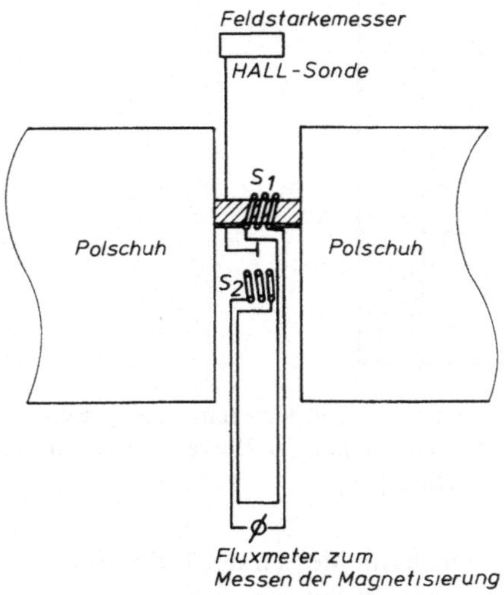

Abb. 31. Schema der Spulenanordnung zum Aufnehmen der Magnetisierungshysteresekurve. S_1 und S_2 sind gleiche Spulen

sichtigung der Differenz zwischen Probenquerschnitt und wirksamem Spulenquerschnitt überflüssig zu machen. Der Meßaufwand konnte so verringert, die Meßgeschwindigkeit erhöht werden.

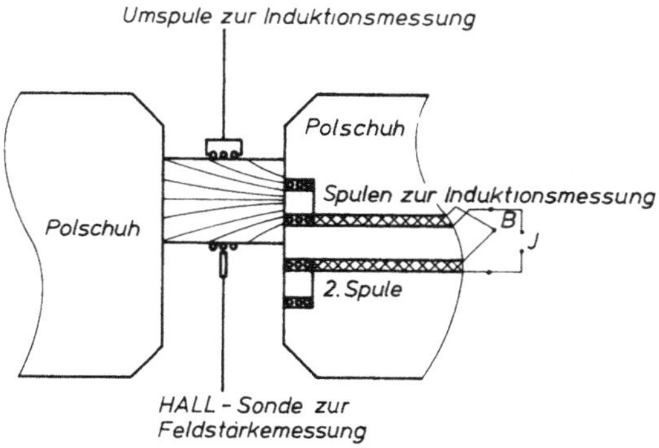

Abb. 32. Erfassen von Probeinhomogenitäten: 1. Induktionsmessung mit einer die Probe umfassenden Spule („Umspule") ergibt keine Aussage über Inhomogenitäten. 2. Induktions- (oder bei Gegenschaltung der zweiten Spule auch Magnetisierungs-)Messung mit Spulen im Polschuh liefert mit der zweiten Messung nach dem Umdrehen der Probe eine deutliche Information über die Inhomogenität eines Magneten

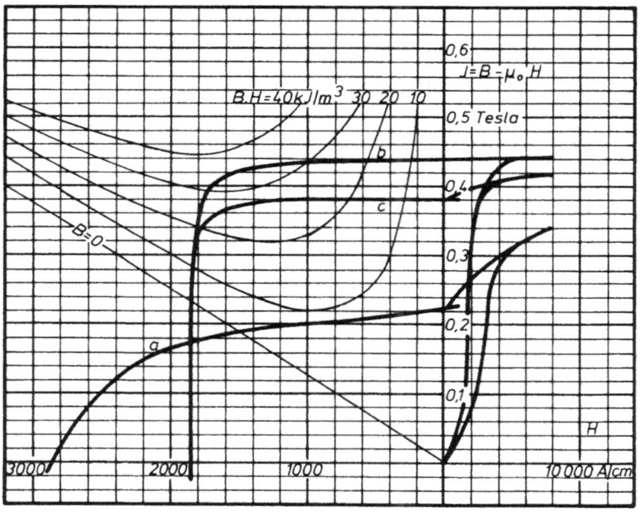

Abb. 33. Entmagnetisierungskurven *b* und *c*, aufgenommen an der gleichen Probe in entgegengesetzten Richtungen. Der Unterschied weist auf Inhomogenitäten hin. Die Kurve *a* wurde zur Eichung vorher an einer (isotropen) Standardprobe geschrieben [18]

Auf eine andere Besonderheit sei hingewiesen: Beim Messen der Induktion bzw. der Magnetisierung mit einer die Probe umgebenden Spule werden im wesentlichen die magnetischen Eigenschaften der Probe in der Spulenebene erfaßt (Abb. 32). Bei inhomogenen Proben kann dies ein Mittelwert sein, dessen Aussagefähigkeit für die magnetischen Eigenschaften der ganzen Probe im Einzelfall erst nachzuprüfen wäre. Bei Benutzung einer Anordnung, bei der das Induktionsmeßorgan in einem der beiden Polschuhe untergebracht ist, werden im wesentlichen nur die magnetischen Eigenschaften der Werkstoffschichten in unmittelbarer Polschuhnähe erfaßt. Dies gilt ganz besonders für die hier betrachteten Werkstoffe, da deren differentielle Permeabilität fast überall auf der Hysteresekurve nahe bei 1 liegt. Mißt man also ein und dieselbe Probe in den beiden entgegengesetzten Richtungen, so erhält man eine gute Information über eventuelle Inhomogenitäten im Probematerial (Abb. 33).

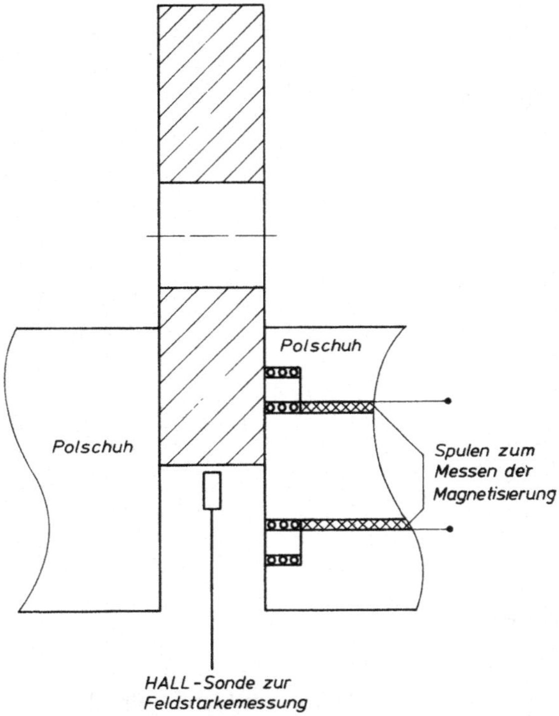

Abb. 34. Anordnung zum zerstörungsfreien Messen der Entmagnetisierungskurven größerer keramischer Magnete

Mit solchen Inhomogenitäten muß aber gerade bei den hier besprochenen Dauermagnetwerkstoffen gerechnet werden: einmal führt das Trockenpressen sogenannter isotroper Magneten in Tablettiermaschinen meist zu einer gewissen Preßanisotropie, die durchaus nicht symmetrisch zur Mittelebene der Probe zu liegen braucht (Verschiebung der neutralen Ebene beim Pressen, s. Abschnitt 4.2.1). Beim Herstellen anisotroper Magnete durch Ausrichten der Pulverteilchen im Magnetfeld (s. Abschnitt 4.2.2) gelingt es nur in den seltensten Fällen, eine vollständige Homogenität der Textur zu erhalten. Derartige Inhomogenitäten können jedoch beim späteren Sinterprozeß und auch bei manchen Anwendungen stören. Ihre meßtechnische Erfassung ist daher von beträchtlichem Vorteil.

Das Umwickeln der zu messenden Probe mit einer Spule führt natürlich zu einer Begrenzung der Probenabmessungen, da ja in dem von der Spule umgebenen Teil die Homogenität des Feldes gewährleistet sein muß. Sind die Meßorgane für die Induktionsmessung bzw. Magnetisierungsmessung in der Fläche des Polschuhes untergebracht, so braucht nur das Probenvolumen oberhalb dieses Meßorgans homogen magnetisiert zu sein. Außerdem muß nur noch der Übergang der Tangentialkomponente des Feldes aus der Probe in den nicht von der Probe erfüllten Raum des Luftspaltes gewährleistet sein; im übrigen kann die Probe sogar, wie in Abb. 34 angedeutet, aus dem Luftspalt herausragen. Dies gestattet die zerstörungsfreie Messung der Entmagnetisierungskurve auch an größeren Magnetkörpern.

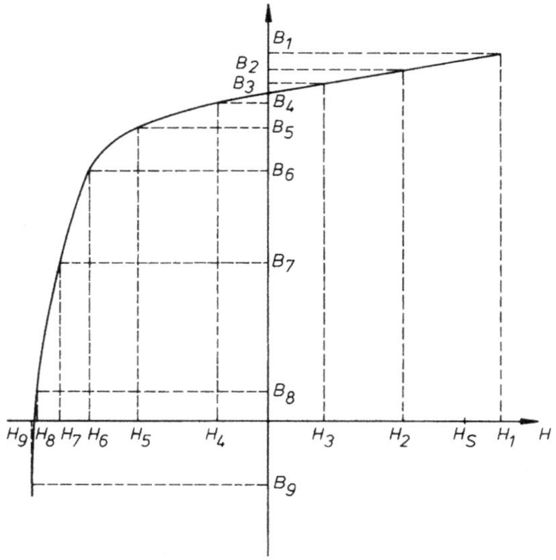

Abb. 35. Schrittweise Aufnahme der Hysteresekurve

Man muß sich allerdings bei dieser Anordnung darüber im klaren sein, daß alle die genannten Vorteile mit einer gewissen Ungenauigkeit der Zuordnung des Induktions- zu dem jeweiligen Feldstärkewert erkauft werden, da ja die Feldstärke in einer anderen Ebene im Arbeitsluftspalt des Elektromagneten als die Induktion ermittelt wird. Dieser Meßfehler ist jedoch sehr klein und braucht nur bei Absolut- und Eichmessungen beachtet zu werden.

Zur Durchführung der Messung kann so vorgegangen werden, daß durch einen hinreichend großen Strom durch die Erregerwicklung des Elektromagneten die zu messende Probe zunächst in einen Zustand oberhalb der magnetischen Sättigung gebracht wird (H_1, B_1 in Abb. 35). In diesem Zustand wird mit Hilfe des Feldmeßorgans die magnetische Feldstärke an der Probenoberfläche im Arbeitsluftspalt des Elektromagneten gemessen. Wird dann der Strom unterbrochen und damit das Magnetfeld auf 0 gesenkt, so liefert die die Probe umgebende Spule oder auch das im Polschuh eingelassene Meßorgan einen der Induktion B_1 oder der Magnetisierung J_1 proportionalen Spannungsstoß, der z. B. mit einem ballistischen Galvanometer gemessen werden kann. Wird der Erregerstrom des Elektromagneten sodann wieder zunächst auf den gleichen Wert gebracht und dann langsam um einen gewissen Wert verkleinert, für diesen Wert dann die Feldstärke H_2 im Arbeitsluftspalt des Elektromagneten gemessen und dann der Erregerstrom abgeschaltet und der damit verursachte Spannungsstoß B_2 gemessen, so liegt damit ein 2. Punkt im 1. Quadranten der Hysteresekurve fest.

Durch Fortsetzen dieses schrittweisen Vorgehens kann der abnehmende Ast der Hysteresekurve im 1. Quadranten vollständig bestimmt werden. Wird nach Einschalten des die magnetische Sättigung bewirkenden Erregerstromes dieser Strom abgeschaltet und ein zunächst kleiner und in späteren Meßschritten immer größerer Strom in Gegenrichtung eingeschaltet, die nun natürlich umgekehrte Feldrichtung im Arbeitsluftspalt gemessen und der beim Abschalten des Stromes entstehende Spannungsstoß aufgenommen, so entstehen weitere zusammengehörige Werte von Feldstärke und Induktion bzw. Magnetisierung, die das Aufzeichnen der Hysteresekurve im 2. Quadranten, der Entmagnetisierungskurve, gestatten. Dieses schrittweise Ausmessen der Hysteresekurve kann auch in den 3. Quadranten hinein fortgesetzt werden.

Natürlich ist das vorstehend beschriebene Verfahren recht aufwendig und zeitraubend. Es wird daher heute wohl im wesentlichen nur noch für Eichzwecke benutzt. Kommerzielle Geräte benutzen elektrische Integrationsverfahren und gestatten das direkte Ablesen zusammengehöriger Induktions- bzw. Magnetisierungs- und Feldstärkewerte. Meistens erlauben sie auch das Schreiben zumindest der Entmagnetisierungskurve mit einer Ablesemöglichkeit für die Sättigungsmagnetisierung.

Abb. 33 zeigt eine derartig automatisch geschriebene Entmagnetisierungskurve mit einer in der H-Achse komprimierten Darstellung des 1. Quadranten zum Ablesen der Sättigungsmagnetisierung.

3. Die keramischen Dauermagnetwerkstoffe

Die Magnetkeramik wurde durch Entwicklungen in den dreißiger Jahren im wesentlichen in Deutschland, Japan und den Niederlanden vorbereitet. In den Niederlanden wurden die Ferrite während des 2. Weltkrieges zur technischen Reife entwickelt, wobei es sich um kubische Spinelle mit verhältnismäßig geringer Kristallanisotropie handelte, die auf Grund ihrer niedrigen elektrischen Leitfähigkeit, hohen Anfangsperemabilität bei noch brauchbarer Magnetisierung als weichmagnetische Werkstoffe im mittleren Frequenzbereich die Metallpulver weitgehend verdrängten und bei höheren Frequenzen neue technische Möglichkeiten eröffneten [19].

Im Rahmen dieser Arbeiten waren auch einige kobalthaltige Ferrite gefunden worden, in denen verhältnismäßig hohe Koerzitivfeldstärken durch Magnetfeldbehandlungen bei erhöhter Temperatur erzielt werden konnten. Trotz vieler Versuche konnten mit diesen Werkstoffen keine magnetischen Werte erzielt werden, die ihre technische Anwendung dauerhaft begründet hätte [20, 21, 22].

Gegen Ende der vierziger Jahre wurden die günstigen Dauermagneteigenschaften der hexagonalen Barium-, Strontium- und Bleiferrite beschrieben [23, 24, 25, 26]. Diese keramischen Dauermagnete haben die bis dahin gebräuchlichen metallischen Magnete aus vielen Anwendungsgebieten weitgehend verdrängt und darüber hinaus den Dauermagneten neue Anwendungsgebiete erschlossen. Sie haben damit wesentlich zur Bereicherung unserer technischen Möglichkeiten beigetragen.

Die Einordnung dieser Werkstoffgruppe in den Bereich der Keramik und ihre Bezeichnung als keramische Dauermagnetwerkstoffe kann unter zwei Gesichtspunkten verstanden werden: Einmal werden der Keramik alle „nichtmetallischen anorganischen festen Stoffe" zugeordnet [27]. In diesem Sinne sind die Oxidmagnete eindeutig der Keramik zuzuordnen. Zum anderen entspricht ihre Herstellungstechnologie recht genau derjenigen der Oxidkeramik, worauf noch in Kapitel 4 näher einzugehen sein wird.

3.1 Ba-, Sr- und Pb-Ferritmagnete

Bereits in der ersten Publikation über diese Werkstoffgruppe [23] wurden alle grundlegenden Eigenschaften sehr ausführlich besprochen. Ihre Kristallstruktur sowohl als auch ihre magnetische Struktur wurden im Vergleich zu verwandten Strukturen ausführlich beschrieben. Darüber hinaus wurden die grundlegenden Besonderheiten betont, die bei der Anwendung dieses Werkstoffes und der Ausnutzung seiner für damalige Verhältnisse überraschend hohen Koerzitivfeldstärken bei im Vergleich zu den metallischen Dauermagnetwerkstoffen verhältnismäßig niedriger Sättigungsmagnetisierung und damit Remanenz zu beachten sind.

Spätere Arbeiten haben daher dieses einmal entworfene Bild des Werkstoffes nur noch in Einzelheiten ergänzen können. Viele befaßten sich mit den Problemen der Herstellungstechnologie, wobei etliche Erfahrungen oxidkeramischer Fertigungen auf diesem Gebiet der Magnetkeramik Anwendung fanden.

Natürlich wurden zahlreiche Versuche unternommen, die vom Kristallgitter dieser Werkstoffgruppe, dem Magnetoplumbitgitter, vorgegebenen Eigenschaften zu verbessern oder speziellen Anforderungen anzupassen. Dies ist jedoch bisher

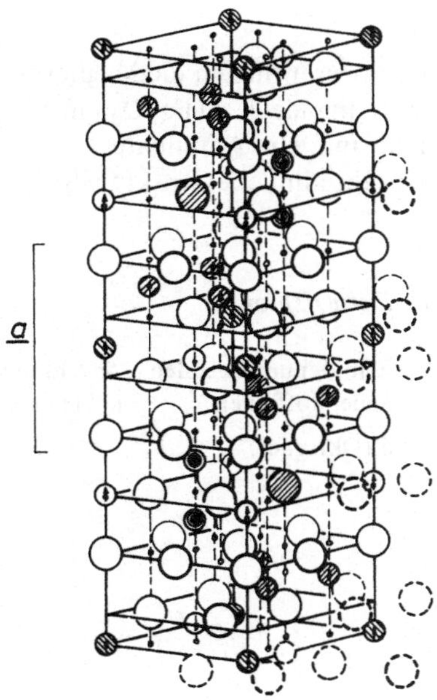

Abb. 36. Schema der Ionenanordnung im Magnetoplumbitgitter. Die großen unschraffierten Kreise deuten die Sauerstoffionen an, die großen schraffierten die Barium-, Strontium- oder Bleiionen. Die kleinen Kreise zeigen die Stellungen der Eisenionen, ihre verschiedene Kennzeichnung weist auf die Unterschiede ihrer kristallographischen Nachbarschaftsverhältnisse hin. Einzelheiten sind in Tab. 5 angegeben (nach [23])

nur bezüglich der Erhöhung der Koerzitivfeldstärke auf Kosten der Sättigungsmagnetisierung durch Zusatz von unmagnetischen Ionen, meist Aluminium, gelungen [28, 29]. Versuche zum Verbessern des verhältnismäßig hohen Temperaturkoeffizienten der Sättigungsmagnetisierung haben noch nicht zu technischen Anwendungen geführt.

Zunächst hatte der Bariumferrit wegen des günstigen Preises von Bariumkarbonat bei weitem im Vordergrund gestanden. Für spezielle Anwendungen waren auch schon Barium-Blei-Mischferrite hergestellt worden. Reine Bleiferrite wurden wegen des höheren spezifischen Gewichtes und des höheren Preises von Bleioxid sowie wegen seines hohen Dampfdrucks nicht längere Zeit großtechnisch hergestellt. Erst in der ersten Hälfte der sechziger Jahre wurde bemerkt, daß es bei

Strontiumferrit unter gewissen Voraussetzungen einfacher ist, höhere magnetische Werte zu erhalten als mit Bariumferrit [30]. Außerdem wurde darauf hingewiesen, daß die auf die Gewichtseinheit bezogenen magnetischen Eigenschaften sogar grundsätzlich günstiger sind als beim Barium- oder Bleiferrit.

Bevor jedoch auf die magnetischen Eigenschaften näher eingegangen werden kann, muß das Kristallgitter dieser Werkstoffe erörtert werden, durch welches das magnetische Verhalten bedingt ist.

3.2 Die Magnetoplumbit- und ähnliche Strukturen

Die keramischen Dauermagnetwerkstoffe haben im wesentlichen die Magnetoplumbitstruktur [31, 32] und die Nominalzusammensetzung $MeO \cdot 6(Fe_2O_3)$ mit Me = Ba, Sr oder Pb, wobei auch Mischkristalle möglich sind. Die Aluminate $Me'O \cdot 6\,(Al_2O_3)$ mit Me′ = Ca, Sr oder Ba haben eine sehr ähnliche Struktur. Sie

Tabelle 5. *Kristallographische Festlegung der 5 Untergitter der Eisen(III)-Ionen*

Bezeichnung nach [23] und nach [31]		Stellung der Elementarzelle	Zahl der umgebenden Sauerstoffionen	Anzahl der Ionen je Elementarzelle
$2a$		$000;\ 00\frac{1}{2}$	6 (Oktaeder)	2
$2b$		$00\frac{1}{4};\ 00\frac{3}{4}$	5	2
$12k$		$\frac{1}{3}\ \frac{1}{6}\ \frac{1}{2}+z_3;\ \frac{1}{3}\ \frac{1}{6}\ 1-z_3$ $\frac{5}{6}\ \frac{1}{6}\ \frac{1}{2}+z_3;\ \frac{5}{6}\ \frac{1}{6}\ 1-z_3$ $\frac{5}{6}\ \frac{2}{3}\ \frac{1}{2}+z_3;\ \frac{5}{6}\ \frac{2}{3}\ 1-z_3$ $\frac{1}{6}\ \frac{1}{3}\ z_3;\ \frac{1}{6}\ \frac{1}{3}\ \frac{1}{2}-z_3$ $\frac{1}{6}\ \frac{5}{6}\ z_3;\ \frac{1}{6}\ \frac{5}{6}\ \frac{1}{2}-z_3$ $\frac{2}{3}\ \frac{5}{6}\ z_3;\ \frac{2}{3}\ \frac{5}{6}\ \frac{1}{2}-z_3$	6 (Oktaeder)	12
$4f_2$		$\frac{2}{3}\ \frac{1}{3}\ z_2;\ \frac{2}{3}\ \frac{1}{3}\ \frac{1}{2}-z_2$ $\frac{1}{3}\ \frac{2}{3}\ 1-z_2;\ \frac{1}{3}\ \frac{2}{3}\ \frac{1}{2}+z_2$	6 (Oktaeder)	4
$4f_1$		$\frac{2}{3}\ \frac{1}{3}\ z_1;\ \frac{2}{3}\ \frac{1}{3}\ \frac{1}{2}-z_1$ $\frac{1}{3}\ \frac{2}{3}\ 1-z_1;\ \frac{1}{3}\ \frac{2}{3}\ \frac{1}{2}+z_1$	4 (Tetraeder)	4

gehören zur Raumgruppe $D_{6h}^4 - C\,6\,mm\bar{c}$. Zu ihr gehören auch die Kristalle vom Typ des beta-Aluminiumoxids $Me_2O \cdot 11\,(Fe_2O_3)$ mit Me = K oder Rb und $Me'_2O \cdot 11\,(Al_2O_3)$ mit Me′ = Na oder K. Die Ferritgitter $Me_2O \cdot 11\,(Fe_2O_3)$ und $MeO \cdot 6\,(Fe_2O_3)$ sind einander sehr ähnlich; die geringen strukturellen Unterschiede sind jedoch die Ursache völlig unterschiedlichen magnetischen Verhaltens: Die Magnetoplumbite sind ferrimagnetisch, die Ferrite des Kaliums und Rubidiums sind dagegen Antiferromagnetika.

Das Magnetoplumbitgitter ist in Abb. 36 schematisch dargestellt. Es besteht aus kubisch und hexagonal dichtest gepackten Sauerstoffionen; in jeder fünften Schicht ist von vier Sauerstoffionen eines durch ein Schwermetallion ersetzt. Sie bildet mit den beiden darüber und den beiden darunter liegenden Schichten eine hexagonal dichteste Packung. In den dazwischen liegenden vier Schichten ist die Anordnung kubisch dicht und identisch mit der einer Spinellstruktur, deren [111]-Richtung parallel zur kristallographischen c-Achse, also in der Abbildung senkrecht

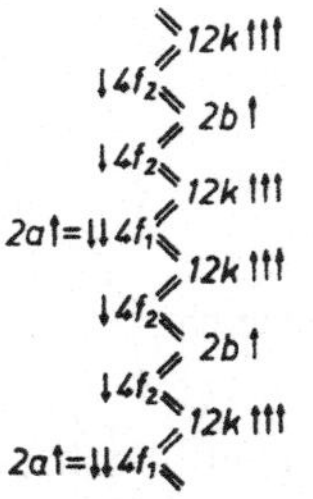

Abb. 37. Schema der Wechselwirkungsfolge der Untergitter im Magnetoplumbit (nach [38]). Jeder Pfeil entspricht dem magnetischen Moment eines Eisen-III-Ions ($5\,j_B$). Dargestellt ist eine Elementarzelle

steht. Die Eisen (III)-Ionen befinden sich, wie die Metallionen in den Spinellen, in den Zwischenräumen der Sauerstoffanionen. Hiervon gibt es in diesem Gitter fünf Arten, die sich durch jeweils andere Nachbarschaftsverhältnisse zu den umliegenden Ionen unterscheiden. Sie sind in Tab. 5 mit der Kennzeichnung ihrer kristallographischen Stellung, ihrer Markierung nach [23] und Abb. 36 und der Anzahl, mit der sie in der Elementarzelle vorkommen, zusammengestellt. Die Raumgruppe des $BaO\,6\,(Fe_2O_3)$ ist $P\,6_3/mmc$ [32].

In diesem Gitter können die Schwermetallionen des Bariums, Strontiums oder Bleis vorkommen. Die Abmessungen der Elementarzelle sind beim [31]

Ba-Ferrit $a = 5{,}876\,A, c = 23{,}17\,A$
Sr-Ferrit $a = 5{,}864\,A, c = 23{,}03\,A$
Pb-Ferrit $a = 5{,}877\,A, c = 23{,}02\,A$.

Die Träger des magnetischen Momentes sind in diesem Gitter die Eisen(III)-Ionen, von denen jedes fünf Bohrsche Magnetonen trägt: $j_{Fe^{3+}} = 5\,j_B$. Da in der Elementarzelle 24 Fe^{3+} vorhanden sind, ergäbe sich ein resultierendes Moment von $120\,j_B$ je Elementarzelle. Gemessen wurde jedoch für $H \to \infty$ und $T \to 0$ ([23] und später z. B. [34]) etwa $40\,j_B$. Die Erklärung für diesen Befund wurde bereits in [23] gegeben: Durch Anwendung von Néels Theorie des Ferrimagnetismus zusammen mit Ergebnissen [35] über den Überaustausch („superexchange") auf das Magnetoplumbitgitter wurde ein resultierendes magnetisches Moment von 40 j_B je Elementarzelle abgeleitet. Dabei ergab sich ein Wechselwirkungsmechanismus der verschiedenen Untergitter miteinander, der sich, wie in Abb. 37 gekennzeichnet, darstellen läßt, wenn man ihn unter Beachtung der räumlichen Stellung der Ionen der einzelnen Untergitter in der Elementarzelle und der Bedingung, daß die Anordnung beliebig oft mit stets parallel liegendem resultierenden Moment aneinandersetzbar sein muß, vollständig durchführt.

Die Theorie über die Winkel- und Entfernungsabhängigkeit des Betrages der Überaustauschkopplung liefert nur qualitative Aussagen. Um jedoch überhaupt

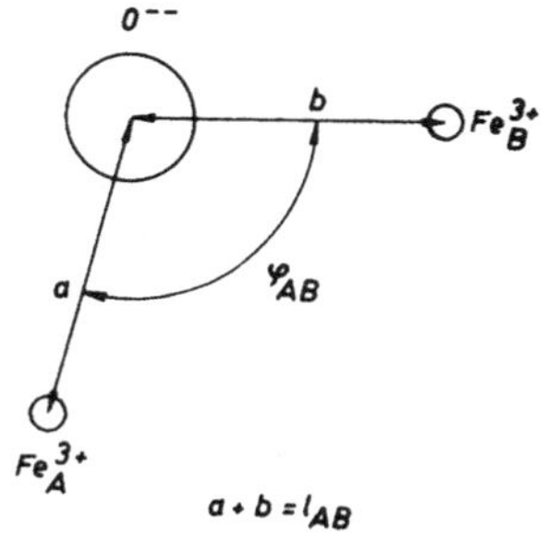

Abb. 38. Wechselwirkungswinkel φ und Wechselwirkungsentfernung l bei Überaustausch

einen Eindruck von den verschiedenen im Magnetoplumbitgitter möglichen Wechselwirkungen zu gewinnen, wurden in Tab. 6 die Wechselwirkungsentfernungen l und die Wechselwirkungswinkel φ zusammengestellt. Dabei ist l die Summe der Abstände ($Fe^{3+}-O^{--}$) + ($O^{--}-Fe^{3+}$) und φ der Winkel $Fe^{3+}-O^{--}-Fe^{3+}$ (vgl. Abb. 38).

Vom reinen Bariumferrit wurden auch noch andere Strukturen beschrieben, die eine in Richtung der hexagonalen Achse vergrößerte Elementarzelle aufweisen und neben den dreiwertigen auch zweiwertige Eisenionen enthalten [25]. Eine praktische Bedeutung haben Werkstoffe mit dieser Struktur nicht gefunden.

Tabelle 6. *Zusammenstellung der Wechselwirkungswinkel φ und der Wechselwirkungsabstände l (in Å) für die im Magnetoplumbitgitter betätigten Wechselwirkungen*

	$2a$	$2b$	$12k$	$4f_2$	$4f_1$
$2a$	–	–	–	–	129° 3,82
$2b$	–	–	119° 4,267	137° 3,955	–
$12k$	–	119° 4,267	–	128° 3,868	129° 3,973
$4f_2$	–	137° 3,955	128° 3,868	–	–
$4f_1$	129° 3,82	–	129° 3,973	–	–

3.3 Die magnetischen Eigenschaften des Einkristalls

Die mit der Kristallstruktur vorgegebenen magnetischen Eigenschaften sind die Sättigungsmagnetisierung und die Kristallanisotropieenergie sowie deren Temperaturabhängigkeit, die Curietemperatur und die paramagnetische Suszeptibilität oberhalb der Curietemperatur. Diese Werte sind in Tab. 7 für den Barium-, Strontium- und Bleiferrit zusammengestellt, zusammen mit einigen weiteren Einkristalleigenschaften.

Tabelle 7. *Eigenschaften von Einkristallen mit Magnetoplumbitstruktur bei 20°C*

Eigenschaft	Ba-Ferrit	Sr-Ferrit	Pb-Ferrit
Sättigungsmagnetisierung			
J_S in Vs/m^2 [36]	0,465	0,427	0,402
Kristallanisotropieenergie			
K_1 in J/m^3 [36]	31.10^4	37.10^4	23.10^4
Anisotropiefeld H_A in A/m	$1{,}35.10^6$	$1{,}71.10^6$	$1{,}19.10^6$
Temperaturkoeffizient im Bereich von Raumtemperatur von			
J_S in % K^{-1}	−0,2	−0,2	−0,2
K_1 in %K^{-1}	−0,16	−0,16	−0,16
Curie-Temperatur T_c in K	723	733	725
Dichte in g/cm^3	5,28	5,11	5,65
linearer thermischer Ausdehungskoeffizient			
in 10^{-6} K^{-1} parallel zur c-Achse	24*	–	–
	12**	12**	–
senkrecht zur c-Achse	9*	–	–
	7**	7**	–
Elastizitätsmodul E in 10^4 N/mm^2			
parallel zur c-Achse	151**	–	–
senkrecht zur c-Achse	162**	–	–
Poisson-Zahl	0,3**	–	–

* Ermittelt aus der Linienverschiebung in Röntgenfeinstrukturaufnahmen beim Abkühlen (F. Haberey und M. Velicescu, Int. J. Magnetism *5*, 161–168, (1973)).

** Gemessen von R. J. Klein Wassink, Philips Research Lab., Eindhoven, Niederlande.

Der Zusammenhang zwischen der Struktur und der Sättigungsmagnetisierung für $T \to 0$ wurde im vorigen Kapitel besprochen. Dabei war ein magnetisches Moment der Elementarzelle von 40 j_B gefunden worden. Dem entspricht bei Zugrundelegen der Röntgendichte eine Sättigungsmagnetisierung bei 0 K von 0,726 Vs/m^2. Der für Raumtemperatur in Tab. 7 genannte Wert der Sättigungsmagnetisierung beträgt nur etwa 64% dieses Wertes, was im Zusammenhang mit der Curietemperatur von (für Bariumferrit) 723 K auf eine ungewöhnliche Temperaturabhängigkeit der Sättigungsmagnetisierung hinweist. Dies kommt auch in dem sehr hohen Temperaturkoeffizienten der Magnetisierung zum Ausdruck.

Schon in der ersten Veröffentlichung über Bariumferrit wurde auf den ungewöhnlichen Verlauf der Sättigungsmagnetisierungs-Temperatur-Kurve hingewiesen [23]. Wie in Abb. 39 zu erkennen, fällt sie fast linear mit steigender Temperatur, zeigt also keineswegs das Verhalten einer Brillouin-Funktion [Gl. (10)]. Zwar sind Nach der Néelschen Theorie des Ferrimagnetismus, die die zwei Untergitter in Wechselwirkung miteinander betrachtet, durchaus $J(T)$-Kurven möglich, die von dem bei Ferromagnetika üblichen Verlauf abweichen, doch zeigen auch sie nicht die am Ba-Ferrit gefundene Gestalt.

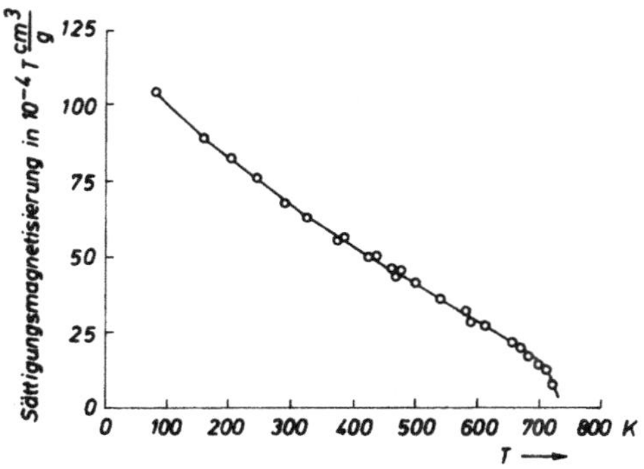

Abb. 39. Die Temperaturabhängigkeit der Sättigungsmagnetisierung von Bariumferrit [46]

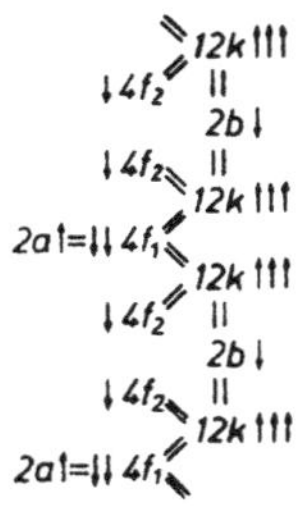

Abb. 40. Schema der Wechselwirkungsfolge bei Ausfall der Wechselwirkung über Untergitter $4f_2$ ($4f_2$ zu $2b$ Kopplung weggefallen, $4f_2$ an $12k$ angekoppelt) [38]

Zur Deutung dieses eigenartigen Verhaltens könnte vermutet werden, daß ein oder eventuell mehrere der vorhandenen Untergitter einen Seitenarm der Wechselwirkungskette bilden, der gegebenenfalls bereits bei einer tieferen als der Curietemperatur von den übrigen Untergittern abgekoppelt wird. Eine Betrachtung des Wechselwirkungsschemas der Abb. 37 zeigt zwar, daß es tatsächlich solch ein an die Hauptwechselwirkungskette angekoppeltes Untergitter gibt, nämlich Untergitter 2a, doch zeigen die Werte der Tab. 6, daß die $2a = 4f_1$ Wechselwirkung, mit der Untergitter 2a an die Hauptkette angeschlossen ist, gerade einen besonders kleinen Wechselwirkungsabstand bei noch recht günstigem Wechselwirkungswinkel besitzt.

Bei Betrachtung des Wechselwirkungsschemas der Abb. 37 und der in Tab. 6 zusammengestellten Entfernungen und Winkel erkennt man, daß im Bereich der $= 12k = 4f_2 = 2b = 4f_2 = 12k =$ Wechselwirkungen auch andere Kombinationen möglich sind, denn der Winkel $\varphi_{2b,12k}$ und der Abstand $l_{2b,12k}$ liegen noch in Größenbereichen, für die eine Austauschkopplung möglich erscheint. Es ist dies die

Wechselwirkungsfolge im Gebiet der Schichten zwischen den Spinellblöcken. Demnach wären auch noch zwei andere Kopplungsarten in diesem Bereich denkbar, wobei von etwaigen Abweichungen von der strengen Antiparallelstellung zweier miteinander gekoppelter magnetischer Momente durch den Einfluß eines dritten abgesehen werden soll. Sie sind in den Abb. 40 und Abb. 41 dargestellt.

Ergab das in Abb. 37 dargestellte Kopplungsschema ein resultierendes Moment von 8 Ionenmomenten je Elementarzelle, so liefert das der Abb. 40 vier und das der Abb. 41 zwölf Ionenmomente je Elementarzelle.

Die Messungen liefern für $T \to 0$ K, wie bereits erwähnt, 8 Ionenmomente je Elementarzelle, bestätigen also bei genügend tiefen Temperaturen das Schema der Abb. 37. Zum Verständnis des gefundenen $J(T)$-Verlaufes könnte auch ein Übergang von diesem Zustand zu dem der Abb. 40 (oder Abb. 41) mit steigender Temperatur angenommen werden. Eine Verzerrung der die Wechselwirkungen beeinflussenden kristallographischen Winkel und Entfernungen durch eine im

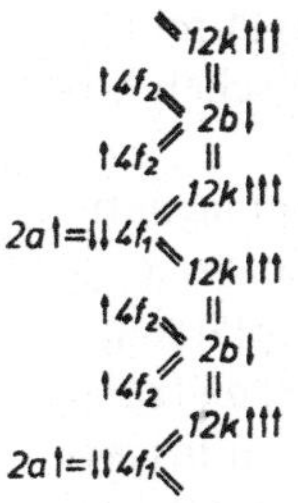

Abb. 41. Schema der Kopplung der Untergitter bei Wegfall der Kopplung von $4f_2$ an 12 k. Untergitter $4f_2$ ist an Untergitter 2 b angekoppelt [38]

hexagonalen Gitter zu erwartende Anisotropie der thermischen Dehnung scheidet als Ursache dafür aber sicherlich aus, da die möglichen Änderungen der geometrischen Verhältnisse selbst bei extremen Annahmen über die Größe der Dehnungsanisotropie auf die in Tab. 6 gegebenen Winkel und Entfernungen wenig Einfluß haben.

Falls die Vermutung zutrifft, daß die Wechselwirkungen im Bereich der Zwischenschichten, also in der Nähe der Ba-Ionen, für den anomalen Verlauf der $J(T)$-Kurven dieses Materials verantwortlich sind, müßte sich der Verlauf dieses Zusammenhanges ändern lassen, wenn es gelingt, eine der drei rivalisierenden Wechselwirkungen ganz auszuschließen. In diesem Fall wäre dann die Wechselwirkungskette völlig eindeutig und für die Temperaturabhängigkeit der Sättigungsmagnetisierung ein Verlauf ähnlich einer Brillouin- oder Néel-Kurve zu erwarten.

Die Unterdrückung der einen überzähligen Wechselwirkung kann in der Tat erreicht werden, wenn es gelingt, auf die Gitterplätze des Untergitters $4f_2$ unmagnetische Ionen zu bringen. In Abb. 41 würde dann die $4f_2$ = 2 b Wechselwirkung entfallen und natürlich auch die (nicht gezeichnete) $4f_2$ = 12 k Wechselwirkung. Die pauschale Magnetisierung bei $T = 0$ K wäre dann 14 + 6 = 8, also die gleiche wie bei dem in Abb. 37 dargestellten Fall. Da jedoch die dann für die Kopplung der Spinellblöcke betätigte 2 b = 12 k Wechselwirkung ungünstigere Winkel- und Abstandsverhältnisse aufweist, könnten die resultierenden magnetischen Momente der Spinellblöcke durch die Wärmebewegung leichter entkoppelt werden, weshalb mit einer niedrigeren Curietemperatur dieser Anordnung zu rechnen ist. Trotzdem kann bei einem Verlauf der $J(T)$-Kurve in Gestalt einer Brillouinfunktion im Bereich der Zimmertemperatur eine gleich große oder höhere Sättigungsmagnetisierung entstehen.

Gelingt jedoch nur der Ersatz je eines der beiden Ionen des Untergitters $4 f_2$ in jeder Zwischenschicht (s. unten), also je Elementarzelle zwei, so würde dies bei der Konfiguration der Abb. 40 eine Magnetisierung von 6 Ionenmomenten je Zelle ergeben, bei der der Abb. 41 würden es 10 sein.

Ein Ersatz der Ionen des Untergitters 2 b durch unmagnetische Ionen kann nicht zum Ziele führen, da eine Kopplung $4 f_2 = 4 f_2$ nicht möglich ist. Die Kopplung der Spinell-Blöcke untereinander würde aufgehoben werden, wie es am $K_2O \cdot$ $\cdot$ 11 Fe_2O_3 verwirklicht ist. Dieses Beispiel zeigt übrigens, daß der gefundene stetige und nahezu lineare Abfall der Curietemperatur mit steigendem Fremdionengehalt bis $x = 4$ (in $BaO \cdot (6-x)\, Fe_2O_3 \cdot x\, M_2O_3$ mit M = Ga, Cr oder Al) [37] nur dann auftreten kann, wenn die Fremdionen durch Zufall auf möglichst mehrere Untergitter verteilt sind. Bei Substitution der Ionen des Untergitters 2b durch unmagnetische Ionen würde bereits bei $x = 1$ die Kopplung der magnetischen Momente der Spinellblöcke aufgehoben werden.

Bei dem Ersatz der Eisen(III)-Ionen des Untergitters $4 f_2$ durch unmagnetische Ionen muß beachtet werden, daß dieses Untergitter aus Oktaederplätzen besteht. Doch auch die Untergitter 2 a und 12 k bestehen aus Oktaederplätzen, wie Tab. 5 angibt. In der Elementarzelle stehen neben den vier Oktaederplätzen des Untergitters $4 f_2$ demnach noch 14 andere zur Verfügung. Von diesen insgesamt 18 Oktaederplätzen sind sogar die des Untergitters $4 f_2$ – jedenfalls für Ionen höheren Ionisierungszustandes – energetisch ungünstiger, da je zwei der sie umgebenden Oktaeder eine Fläche gemeinsam haben (Regel von Pauling). Würde man dem Ausgangsoxidgemisch das Oxid (oder Karbonat) eines geeigneten Ions mit starker Bevorzugung für oktaedrische Koordination einfach zufügen, so wäre es wenig wahrscheinlich, daß diese Ionen auf die Plätze des Untergitters $4 f_2$ gelangen würden. Dies wurde durch Röntgenintensitätsmessungen an Präparaten nachgewiesen, deren Eisen(III)-Ionen bis zu 50% durch Aluminium-, Gallium- und Chromionen substituiert waren [34].

Diese Überlegungen haben zu einer Reihe von Versuchen geführt, die Temperaturabhängigkeit der Sättigungsmagnetisierung zu verändern [38, 39].

Der älteste Versuch dieser Art [38] ging davon aus, daß die Ionen im Untergitter $4 f_2$ im Gegensatz zu den Ionen der anderen Untergitter mit Oktaederplätzen in unmittelbarer Nähe der Bariumionen liegen. Unmagnetische Ionen mit Bevorzugung der Oktaederkoordination sollten danach in einer Bariumverbindung in das Gitter eingebracht werden, die so stabil ist, daß sie beim Aufbau des Bariumferritgitters zunächst als ganze Baugruppe eintritt, insbesondere also nicht schon bei Temperaturen dissoziiert, die niedriger als die Bildungstemperatur des Bariumferrits liegen. In der Tat konnte eine veränderte Sättigungsmagnetisierungs-Temperatur-Kurve an gesintertem Material beobachtet werden. Allerdings war mit diesen Veränderungen eine Abnahme der Koerzitivfeldstärke verbunden, die auf eine Verringerung der Kristallanisotropieenergie zurückgeführt wurde.

Überlegungen, die auf denselben gittertheoretischen Erwägungen beruhen, aber geometrische und elektrostatische Verhältnisse im Bereich der $4 f_2$ Plätze berücksichtigten, führten zum Einbau von Arsenionen auf diesen Plätzen [39]. Sie ergaben in der Tat eine weitere Verringerung des Temperaturkoeffizienten der Magnetisierung, ohne gleichzeitig die Kristallanisotropie ungünstig zu beeinflussen.

Damit wurden indirekt bereits frühzeitig geäußerte Vermutungen [38] bestätigt, daß die Ursache für die hohe Kristallanisotropieenergie dieser Werkstoffe im Bereich der bariumhaltigen Schichten zwischen den Spinellblöcken zu suchen sei. Diese Zwischenschichten werden auch mit R-Block bezeichnet. Es wurde auch der Versuch gemacht, ein Kristallgitter herzustellen, daß nur aus diesen R-Blöcken besteht [41].

Bisher ist es nicht gelungen, Barium-, Strontium- oder Bleiferrit-Einkristalle herzustellen, die eine für Anwendungen in Frage kommende Größen aufweisen. Trotzdem ist es z. B. im Sinne einer Grenzwertbetrachtung sinnvoll, die Eigenschaften eines Einkristallmagneten abzuschätzen. Hierbei sollen die Zimmertemperaturwerte zugrunde gelegt werden. Würde ein solcher Magnet in einem Magnetfeld parallel zur hexagonalen Achse magnetisiert werden, und würde dieses Magnetfeld sodann verkleinert und schließlich in Gegenrichtung wieder vergrößert werden, so müßte die Magnetisierung in der ursprünglichen Richtung erhalten bleiben, bis das von außen angelegte Magnetfeld im Innern des betrachtenden Magneten die Feldstärke des Anisotropiefeldes erreicht. Die Magnetisierungskoerzitivfeldstärke wäre demnach

$$ {}_JH_c = H_A . $$

Die Anisotropiefelder der drei Materialien sind nach Gl. (20) in der Tab. 7 angeführt.

Diese Werte sind erheblich höher als die beim idealen Dauermagnet gemäß Abb. 21 mögliche Induktionskoerzitivfeldstärke ${}_BH_c$. Diese Werkstoffe würden sich also wie ideale Dauermagnete verhalten, d. h. es wären ${}_BH_c = J_S/\mu_0$ und $(BH)_{\max} = J_S^2/4\,\mu_0$. Die entsprechenden Zahlenwerte für die drei Werkstoffe sind in Tab. 8 zusammengestellt.

Tabelle 8. *Eigenschaften von (nicht realisierten) Ba-, Sr- und Pb-Ferrit Einkristallmagneten bei 20°C*

	Ba-Ferrit	Sr-Ferrit	Pb-Ferrit
Remanenz $B_r = J_s$ in mVs/m²	465	427	402
Koerzitivfeldstärke ${}_BH_c = B_r/\mu_0$ in kA/m	370	340	320
${}_JH_c = H_A$ in kA/m	1350	1710	1190
$(BH)_{\max}$-Wert in kJ/m³	43	36	32

Diese Werte konnten bisher mit hochgradig texturierten polykristallen Magneten ([001]-Fasertexturen) bis auf etwa 10% erreicht werden (B_r = 0,454 Vs/m², ${}_JH_c$ = 192 kA/m und $(BH)_{\max}$ = 39,8 kJ/m³ [42]). Trotzdem weicht das wirkliche Entmagnetisierungsverhalten erheblich stärker von dem eben beschriebenen idealen Einkristallverhalten ab, als es die eben genannte Differenz von 10% erwarten läßt. Die auch im günstigsten Falle erzielten Magnetisierungskoerzitivfeldstärken bleiben nämlich erheblich weiter unter dem Wert der Anisotropiefeldstärke.

Zur Begründung dieses drastischen Unterschieds wurde zunächst [24] auf die Streufeldenergie hingewiesen, die ein derartiger bis zur Sättigung magnetisierter Körper aufzuwenden hätte. Diese Streufeldenergie müsse zur Ausbildung einer Bereichsstruktur führen. Zum Abschätzen der Teilchengrößen, unterhalb derer keine Bereichsausbildungen mehr möglich sein sollten, kann einmal auf die Dicke der Blochwände verwiesen werden: Bei Abmessungen magnetischer Körper, die kleiner sind als die Blochwanddicke, sollte das Entstehen einer Blochwand nicht mehr möglich sein. Mit Gl. (21) ergeben sich für die Blochwanddicken bei den hier besprochenen Werkstoffen (mit $d = \sqrt{2 \cdot 120\, k\, T_c / a\, K_1}$. Dabei ist $2\,k\,T_c$ die Wechselwirkungsenergie je Elektronenspin, von denen 120 in der Elementarzelle

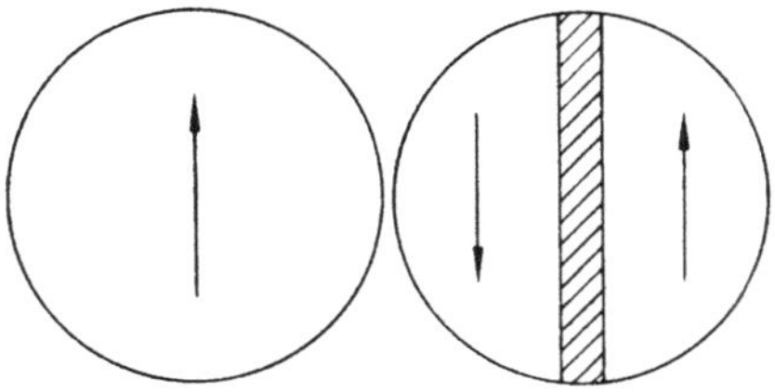

Abb. 42. Schematische Darstellung einer Kugel des Radius R aus magnetischem Material, links homogen magnetisiert mit der Streufeldenergie $2\,\pi R^3 J_S^2 / 9\,\mu_0$ und rechts in Zweibereichsanordnung mit der Gesamtenergie, die aus der entsprechend verringerten Streufeldenergie und der zum Aufbau der Wand benötigten Energie gem. Gl. (22) besteht, $\pi R^3 J_S^2 / 9\,\mu_0 + \pi R^2 \gamma_w$

vorhanden sind; a ist der Gitterabstand, für den bei einer 180°-Wand hier die Gitterkonstante in der Basisebene einzusetzen ist):

Bariumferrit	0,114 μm
Strontiumferrit	0,105 μm
Bleiferrit	0,133 μm.

Außerdem läßt sich auch ein solcher „kritischer Durchmesser" D_k aus der Bilanz der Energie des Streufeldes des einheitlich magnetisierten Körpers einerseits und der Energie des in zwei Bereiche unterteilten Körpers zuzüglich der Energie der Blochwand, die diese Bereiche trennt, andererseits, abschätzen. Beim Übergang vom Ein- in den Zweibereichszustand müßten diese beiden Energien gleich groß sein. Bei Annahme kugelförmiger Teilchen kann dieser Übergang durch die in Abb. 42 skizzierten Magnetisierungszustände dargestellt werden. Für den kritischen Durchmesser ergibt sich damit:

$$D_k = 9\,\mu_0 \gamma_w / J_S^2,$$

worin γ_w die Energie der 180°-Wand nach Gl. (22) ist. Daraus ergeben sich folgende Abmessungen als obere Grenze für das Einbereichsverhalten:

Bariumferrit	1,8 μm
Strontiumferrit	2,4 μm
Bleiferrit	2,1 μm.

Diese Werte für den kritischen Durchmesser sind mehr als eine Größenordnung über den weiter oben abgeschätzten Blochwanddicken. Ein derartiger Ferriteinkristall mit Abmessungen von weniger als 2 μm sollte also stets homogen magnetisiert sein und sich demnach wie ein idealer Dauermagnet verhalten, bei größeren Abmessungen jedoch sollte stets Mehrbereichsverhalten auftreten, d. h. die Ummagnetisierungsvorgänge sollten im wesentlichen durch Wandverschiebungen bestimmt sein. Letzteres ist zum Glück nicht der Fall, wie durch folgende Befunde bestätigt wird: Einmal zeigt die später noch ausführlich zu besprechende Mahldauerabhängigkeit der Koerzitivfeldstärke von Bariumferritpulvern [23, 3] und die Änderung der Koerzitivfeldstärke durch eine Anlaßbehandlung [43], daß die Korngröße nicht in erster Linie die Koerzitivfeldstärke bestimmt. Noch drastischer konnte dies durch direkte mikroskopische Beobachtungen von Bereichsstrukturen [44] an relativ großen Einkristallen, die sorgfältig angelassen worden waren, nachgewiesen werden: Nach dem Aufmagnetisieren bleiben diese Kristallite auch bei Abschalten des äußeren Magnetfeldes, also unter der Wirkung ihres eigenen entmagnetisierenden Feldes $H = 0{,}5\, J_S/\mu_0$ im Einbereichszustand. Erst nach einiger Zeit oder nach Anlegen eines Gegenfeldes sprang die Magnetisierung plötzlich in eine Mehrbereichskonfiguration um.

Zum Verständnis dieses Verhaltens und damit zur Deutung des Unterschiedes zwischen der beobachteten Koerzitivfeldstärke und der Anisotropiefeldstärke wurde bereits frühzeitig auf die Wirkung von Gitterfehlern, die die Kristallanisotropie lokal erniedrigen, aufmerksam gemacht [24]. Eine quantitative theoretische Analyse, bei der im Innern eines Körpers konstanter Kristallanisotropie ein Bereich verschwindender Kristallanisotropie angenommen wurde, ergab eine Verminderung der Koerzitivfeldstärke durch die Anwesenheit einer solchen Störung um bis zu dem Faktor 10 [45].

Die Erniedrigung der Koerzitivfeldstärke gegenüber dem aus der Anisotropiefeldstärke zu erwartenden Wert muß daher lokalen Abweichungen der Kristallanisotropie von ihrem sonst konstanten Wert zugeschrieben werden. Als hierfür verantwortliche Gitterinhomogenitäten kommen in erster Linie Stapelfehler in Betracht. Ein quantitativer Nachweis der Art der Gitterfehler ist jedoch bisher nicht gelungen. An solchen Orten erniedrigter Kristallanisotropie können sich Ummagnetisierungskeime bilden, da wegen der kleineren Kristallanisotropie weniger Arbeit zum Drehen der Magnetisierung geleistet werden muß. Ist ein Ummagnetisierungskeim erst entstanden, so kann er durch Wandverschiebungen bis zu dem jeweiligen Gleichgewichtszustand wachsen, da für die Verschiebung von einmal entstandenen Blochwänden und ihre Ausweitung unter den in Bariumferrit herrschenden Bedingungen nur verhältnismäßig geringe Energien aufzuwenden sind.

Daß trotzdem in vielen Fällen eine Abhängigkeit der Koerzitivfeldstärke von der Korngröße bei Pulverhaufwerken und polykristallinen Sinterkörpern beobachtet wird, die die oben erwähnte Bedeutung des „kritischen Durchmessers" quantitativ zu bestätigen scheint, ist auf einen anderen Einfluß zurückzuführen: bei Kristallitabmessungen von mehr als etwa 1 μm wird ein fehlerfreier Gitteraufbau thermodynamisch immer unwahrscheinlicher. Dieser Tatbestand ist z. B. für die hohe mechanische Festigkeit von Whiskern verantwortlich, wenn ihr Durchmesser bis zu etwa 1 μm beträgt. Die Bedeutung des Auftretens von Gitterfehlern für das Ummagnetisierungsverhalten geht auch aus dem Einfluß der Anlaßbehandlungen auf die Koerzitivfeldstärke hervor (s. Abschnitt 4.1.4, Abb. 63).

Die Koerzitivfeldstärke von Einkristallen dieser hartmagnetischen Ferrite wird also durch die Gleichung $H_A = 2\,K/J_S$ und die Dichte von Gitterfehlern bestimmt. Es ist daher zu erwarten, daß die Temperaturabhängigkeit der Koerzitivfeldstärke aus dem Temperaturverhalten der Kristallanisotropie und der Sättigungsmagnetisierung abzuleiten sein wird, da bei der Curie-Temperatur von 450°C

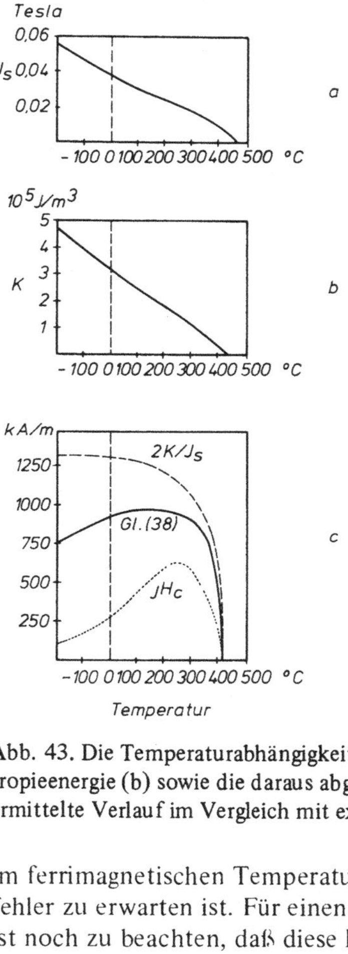

Abb. 43. Die Temperaturabhängigkeit der Sättigungsmagnetisierung (a) und der Kristallanisotropieenergie (b) sowie die daraus abgeleiteten Werte für $2\,K/J_S$ und der weiter gemäß Gl. (38) ermittelte Verlauf im Vergleich mit experimentellen Werten (c) nach [24] und [47]

im ferrimagnetischen Temperaturbereich keine Änderung der Dichte der Gitterfehler zu erwarten ist. Für einen Vergleich mit experimentellen Werten von $_JH_c = f(T)$ ist noch zu beachten, daß diese Einkristalle plättchenförmig sind mit der magnetischen Vorzugslage (= hexagonale c-Achse) senkrecht zur Plättchenebene. Der Entmagnetisierungsfaktor ist daher nahezu $N = 1$. Im Innern eines solchen Plättchens herrscht deshalb wegen $J = J_S = \text{const}$ für alle Feldstärkewerte $H < {}_JH_c$ stets das Feld $H_i = -J_S/\mu_0$. Ein von außen angelegtes Feld braucht zum Erzwingen einer Magnetisierungsumkehr daher nur die Feldstärke

$$_JH_c = H_A - J_S/\mu_0 = (2\,K/J_S) - J_S/\mu_0 \tag{38}$$

erreichen.

In Abb. 43 sind oben (a) die Sättigungsmagnetisierung und (b) die Kristallanisotropieenergie über der Temperatur aufgetragen. Darunter (c) sind die daraus abgeleitete Feldstärke gemäß Gl. (38) und experimentell bestimmte Werte [24, 47] eingezeichnet.

Zur Deutung der Diskrepanz zwischen den Absolutwerten der erwarteten und der beobachteten Koerzitivfeldstärken muß einmal beachtet werden, daß die Messungen nicht an fehlerfreien Einkristallen ausgeführt werden konnten, sondern an zwar feinkörnigen, aber weitgehend dicht gesinterten Proben. Es ist bekannt, daß einmal gebildete Blochwände über Korngrenzen hinweggehen [47]. Zum anderen ist auch hier auf die oben erwähnten Einflüsse von Gitterfehlern, die als Ummagnetisierungskeime wirken, hinzuweisen.

Zum Verständnis des Unterschiedes im Verlauf der erwarteten und der beobachteten Temperaturabhängigkeit wurden die Änderungen der Blochwanddicke und -Energie und des „kritischen Teilchendurchmessers" D_k mit der Temperatur betrachtet [47]. Da jedoch die Entstehung von Blochwänden, wie oben besprochen, sicher primär eine Folge von Gitterfehlern ist und nur sekundär eine Frage der Korngröße, befriedigen diese Betrachtungen nicht. Es wurde bereits recht früh auf die Bedeutung der Größe eines gestörten Bereiches für die zu erwartende Ummagnetisierungsfeldstärke hingewiesen [24]. Der steilere Abfall der beobachteten Koerzitivfeldstärke gegenüber dem Verhalten nach Gl. (38) deutet auf eine Zunahme der gestörten Bereiche mit abnehmender Temperatur bzw. auf eine Zunahme der Auswirkungen auf das Verhältnis von Kristallanisotropie zu Sättigungsmagnetisierung, d. h. von Kopplung der Magnetisierungsvektoren an das Gitter zu gegenseitiger Kopplung (Wechselwirkung). Sind in einem Kristall Gitterfehler vorhanden, so läßt sich stets eine Temperatur (T_G) angeben, bei der sich dieser Zustand im thermodynamischen Gleichgewicht befindet. Diese Temperatur liegt bei Kristallen der hier betrachteten Art sicher oberhalb der Curie-Temperatur; dies wird z. B. durch die Vergrößerung der Koerzitivfeldstärke nach einer Anlaßbehandlung [43] bei etwa 900°C belegt. Die im Temperaturbereich unterhalb der Curie-Temperatur vorhandenen Gitterfehler müssen daher als „eingefroren", also nicht im Gleichgewicht stehend, betrachtet werden. Die Energie solcher Gitterfehler relativ zum Gitter nimmt sicher mit dem Abstand von der Temperatur T_G zu. Dieser Energiezuwachs der Gitterfehler läßt sich der oben erwähnten Vergrößerung der gestörten Gitterbereich zumindest formal zuordnen, da ein Einfluß z. B. von mechanischen Spannungen im Gitter und die damit verbundenen Änderungen in den Abständen und Winkelbeziehungen der Ionen die Kopplungen der magnetischen Momente zum Gitter und untereinander bestimmt beeinflussen. Die Unterschiede im Verlauf der aus Gl. (38) folgenden und der experimentellen Kurve in Abb. 43 c werden daher der Zunahme des Einflusses der Gitterfehler mit fallender Temperatur zugeschrieben.

Die beschriebenen Änderungen der Sättigungsmagnetisierung und damit der Remanenz einerseits und der Koerzitivfeldstärke andererseits mit der Temperatur ergeben ein eigenartiges Verhalten der Entmagnetisierungskurven bei Temperaturänderungen, das bei anisotropen Ferritmagneten (Pseudoeinkristallen) besonders deutlich ist. Wird ein solcher Magnet bei z. B. Zimmertemperatur magnetisiert und dann abgekühlt, so nimmt die Remanenz (wie die Sättigungsmagnetisierung in Abb. 39) zu, während die Koerzitivfeldstärke kleiner wird (Abb. 43 c). In

Abb. 44 sind die Entmagnetisierungskurven eines anisotropen Ferritmagneten, die bei verschiedenen Temperaturen gemessen wurden, zusammengestellt.

Die Bedeutung der mit Abb. 44 beschriebenen Zusammenhänge für die Dimensionierung von Dauermagnetkreisen mit Ferritmagneten läßt sich durch folgendes Gedankenexperiment demonstrieren: Ein Magnetkreis, z. B. für einen Lautsprecher, sei so dimensioniert, daß der Entmagnetisierungszustand des Magneten durch die Scherungsgerade S_1 beschrieben wird. Bei 20°C arbeitet dieser Magnet nahe seinem $(BH)_{max}$-Punkt mit dem Arbeitspunkt A' (Schnittpunkt der Scherungs-

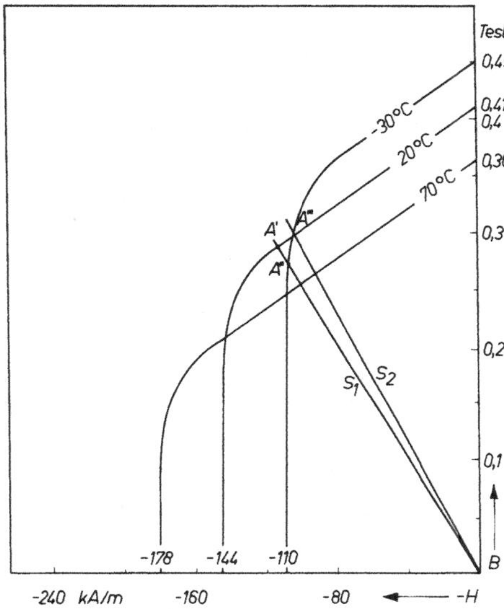

Abb. 44. Entmagnetisierungskurven eines anisotropen Ferritmagneten, aufgenommen bei verschiedenen Temperaturen nach Magnetisierung bei 20°C [48]

geraden mit der Entmagnetisierungskurve). Wird dieser Magnetkreis jedoch abgekühlt, so ändert die Entmagnetisierungskurve ihre Gestalt; bei −30°C liegt der Arbeitspunkt A'' im steilen Teil der Kurve. Die dem Punkt A'' zuzuordnende magnetische Energie ist nur noch $H_{A''} \cdot B_{A''} < H_{A'} \cdot B_{A'}$. Wird der Magnetkreis wieder auf 20°C erwärmt, so bleibt der Arbeitspunkt bei A'', der eingetretene Verlust an permanenter magnetischer Energie wird nicht zurückgewonnen, Feldstärke oder Induktion im Arbeitsluftspalt sind irreversibel verringert. Dies wäre vermieden worden, wenn die Dimensionierung des Magnetkreises dem durch die Scherungsgerade S_2 dargestellten Zustand entsprochen hätte. Der Zustand des Arbeitspunktes A''' wäre bei allen bisher betrachteten Temperaturen erhalten geblieben. Eine Temperaturerhöhung hat übrigens (zumindest in 1. Näherung) nur eine reversible Magnetisierungsänderung zur Folge, da der Arbeitspunkt stets im reversiblen Bereich der Entmagnetisierungskurve verbleibt. Wegen der hier beschriebenen Zusammenhänge wird die Magnetlänge in solchen Magnetkreisen vergrößert, der Magnet also etwas überdimensioniert.

3.4 Das Gefüge keramischer Dauermagnete (Texturen)

Keramische Dauermagnete werden mit möglichst feinkörnigem Gefüge hergestellt. Ursprünglich war diese Feinkörnigkeit auf Grund der Betrachtungen zu dem im vorigen Kapitel besprochenen „kritischen Durchmesser" D_k erstrebt worden. Auch die fertigungstechnische Erfahrung hat die Anforderung der Feinkörnigkeit bestätigt. Auf Grund der Ausführungen über die Bedeutung von Gitterfehlern, die

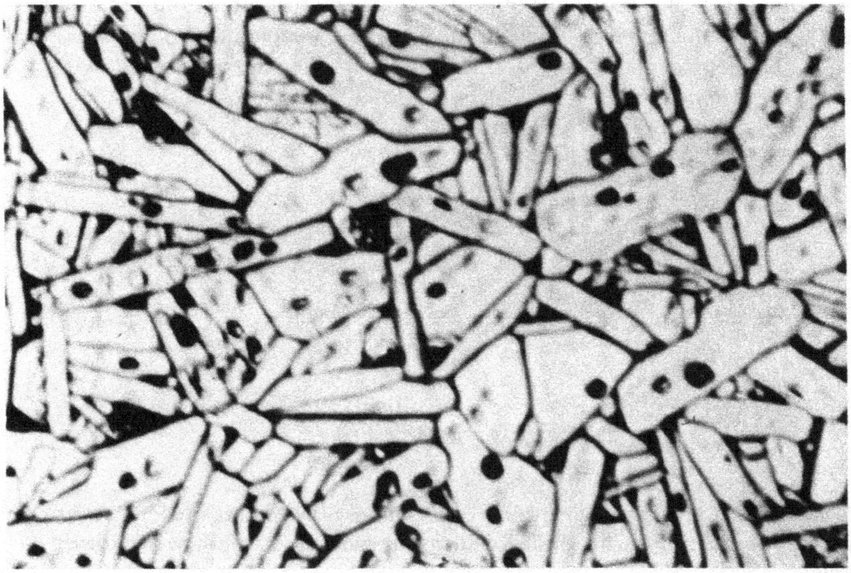

Abb. 45. Gefügeaufnahme eines isotropen Bariumferritmagneten [49]

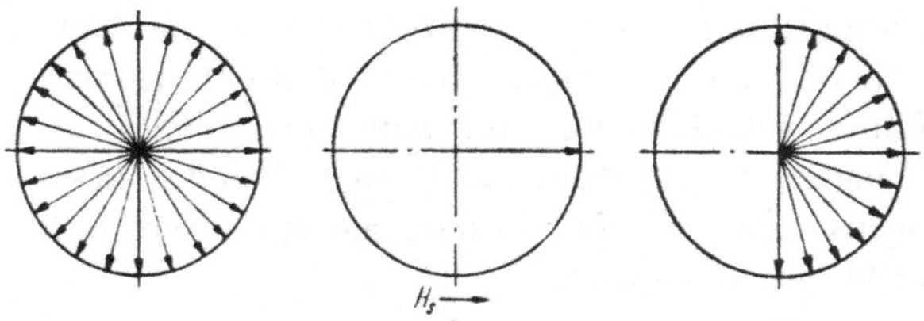

Abb. 46. Die Verteilung der Magnetisierungsvektoren eines isotropen Polykristalls im a) unmagnetischen Zustand, b) bei magnetischer Sättigung, c) im Zustand remanter Magnetisierung

die Kristallanisotropieenergie lokal erniedrigen, muß allerdings die Forderung der Feinkörnigkeit anders begründet werden: Mit abnehmender Korngröße sinkt auch die Wahrscheinlichkeit des Vorkommens von Gitterfehlern. Die Aussicht, ein Gefüge mit möglichst wenigen Gitterfehlern zu erhalten, steigt also zusammen mit der Kornfeinheit.

Abb. 45 zeigt die Oberfläche eines Gefügeanschliffes eines isotropen Bariumferritmagneten. Neben solchen Werkstoffen mit isotroper Verteilung der Richtungen der Kristallite haben Magnete mit [001]-Fasertexturen technisch große Bedeutung. Die maximal mit einem isotropen Ferrit erzielbaren magnetischen Werte lassen sich noch verhältnismäßig gut theoretisch abschätzen: Ein solcher Magnet hat nämlich günstigsten Falls eine Remanenz gleich der halben Sättigungsmagnetisierung. Dies sei an Hand von Abb. 46 erläutert: Im Teilbild a sind die Magnetisierungsvektoren wie in einer Lagekugel im nicht magnetisierten Zustand aufgetragen. In diesem Zustand liegen die Magnetisierungsvektoren in den einzelnen Kristalliten parallel zu den hexagonalen Vorzugsachsen, wobei die beiden gleichwertigen Richtungen (positiv und negativ) gleich oft vorkommen. Die Magnetisierungsvektoren erfüllen also die Lagekugel gleichmäßig. (Dabei wird entweder angenommen, daß alle Teilchen Einbereichsteilchen sind oder, falls Blochwände vorhanden sind, wird

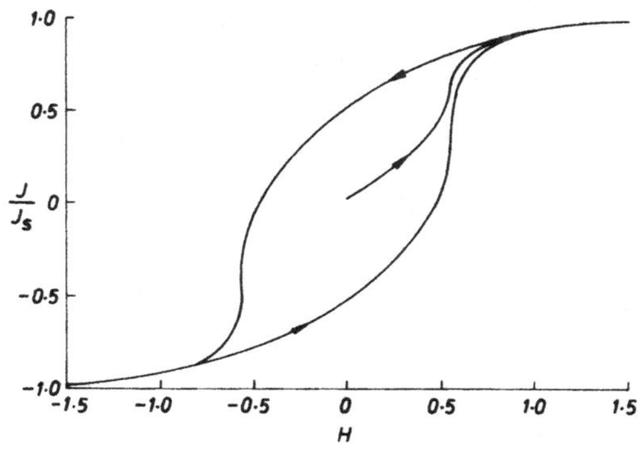

Abb. 47. Berechnete Entmagnetisierungskurve eines isotropen Haufwerkes von Einbereichsteilchen einachsiger Anisotropie (längliche Rotationsellipsoide) unter Annahme homogener Magnétisierungsumkehr [50]

die Magnetisierung im Innern dieser Wände vernachlässigt). Wird an einen solchen Körper in beliebiger Richtung ein Magnetfeld angelegt und bis zur Sättigungsfeldstärke gesteigert, so drehen alle Magnetisierungsvektoren in die Feldrichtung ein und liegen nach Erreichen der Sättigungsfeldstärke parallel zum äußeren Feld (Teilbild b). Wird das von außen angelegte Feld abgeschaltet, so drehen die Magnetisierungsvektoren in die ihnen jeweils nächst gelegene Vorzugslage ein. Integration über diese halbe Lagekugel ergibt für die Remanenz:

$$B_r = \frac{J_S}{2} \int_0^{\pi/2} 2\,\pi \sin\theta \cos\theta \, d\theta = \frac{J_S}{2}$$

($2\,\pi \sin\theta\, d\theta$ ist der Breitenring der Lagekugel, dessen Magnetisierung mit dem $\cos\theta$-fachen in der Aufmagnetisierungsrichtung zur Remanenz beiträgt). Der Verlauf der ganzen Hysteresekurve wurde für den Fall einer derartigen isotropen Richtungsverteilung von Teilchen mit einachsiger Anisotropie berechnet [50]. Diese Hysteresekurve ist in Abb. 47 dargestellt in relativen Einheiten. Zwar wurden dabei Teilchen mit Formanisotropie zugrunde gelegt, doch wurde die Wechselwirkung der Teilchen untereinander vernachlässigt, so daß die Ergebnisse auch für Teilchen gelten, in denen die einachsige Anisotropie auf anderen Ursachen beruht. Die Hysteresekurve schneidet die h = 0-Gerade bei dem Wert 0,5 wie oben schon erwähnt, und zwar unter 45°. Sie ist im ganzen 2. Quadranten gekrümmt. Sie schneidet die Feldstärkenachse übrigens bei dem Wert der halben Anisotropiefeldstärke, genauer bei dem 0,48fachen.

Unter der Annahme, daß sich in einem isotropen Magneten oder in einem Pulverhaufwerk mit isotroper Verteilung der Partikel die Magnetisierung annähernd wie bei Einbereichsteilchen verhält, kann also aus der Magnetisierungskoerzitivfeldstärke, die an einem solchen Magneten gefunden wurde, auf die Koerzitivfeldstärke des einzelnen Pulverpartikels oder zumindest auf deren repräsentativen Mittelwert geschlossen werden.

Natürlich kann die Induktionskoerzitivfeldstärke ${}_BH_c$ in einem solchen isotropen Material nie größer sein als durch die Remanenz vorgegeben, also ${}_BH_c < {}_JH_c = J_S/2\,\mu_0$. Dies würde aber bereits eine gerade Entmagnetisierungskurve voraussetzen, was jedoch nach Abb. 47 nicht richtig ist. Benutzt man jedoch diese Annahme zur näherungsweisen Abschätzung, so erhält man als günstigsten Wert der maximalen Energiedichte $(BH)_{\max} = J_S^2/16\,\mu_0$. Die Werte für die drei hier betrachteten Werkstoffe betragen somit etwa

Bariumferrit	10750	Ws/m^3
Strontiumferrit	9070	Ws/m^3
Bleiferrit	8040	Ws/m^3

Eine erhebliche Steigerung des $(BH)_{\max}$-Wertes läßt sich durch Parallelrichten aller hexagonalen Achsen in einem solchen Pulverhaufwerk oder Sinterkörper erreichen. Dies erfolgt am einfachsten durch eine Magnetfeldausrichtung. Auf die technischen Einzelheiten wird im Abschnitt 4.2.2 eingegangen werden. Auf diese Weise erzeugte Fasertexturanordnungen können bei optimaler Dichte und hohem Texturgrad in ihrem magnetischen Verhalten wie ein Einkristall behandelt werden (Pseudoeinkristall), da die magnetischen Eigenschaften in der Basisebene der hexagonalen Kristalle praktisch isotrop sind. Hier gelten also die für den Einkristall im vorigen Abschnitt angestellten Schätzungen.

In Abb. 48 zeigt eine Gefügeaufnahme parallel zur Basisebene eines solchen texturierten Gefüges, Abb. 49 eine Aufnahme senkrecht dazu, bei der also die hexagonale Achse in der Bildebene liegt.

Der Zusammenhang zwischen Ausrichtungsgrad und magnetischer Remanenz ist mit Hilfe speziell für diesen Zweck entwickelter Röntgentexturaufnahmemethoden untersucht worden. Es zeigte sich, daß die magnetischen Eigenschaften sehr schnell mit abnehmendem Texturgrad ungünstiger werden, wie es aus Messungen der Abhängigkeit der magnetischen Eigenschaften vom Winkel zwischen der Vorzugslage bzw. Texturachse und dem angelegten Magnetfeld erwartet werden mußte [16].

Das Gefüge kommerzieller Magnete enthält meist neben den Kristalliten mit Magnetoplumbitstruktur Spuren anderer Bestandteile. Diese anderen Gefügebestandteile liegen meist in Form von Korngrenzsubstanz vor oder seltener auch als gleichmäßig über das Gefüge verteilte Einschlüsse. Sie rühren von Substanzen her, die entweder als Sinterhilfsmittel geduldet oder sogar bewußt zugesetzt worden sind. Hierauf wird im Abschnitt 4.4 noch näher eingegangen werden.

Die Gefügebestandteile in Magneten mit Vorzugsrichtung sind im allgemeinen

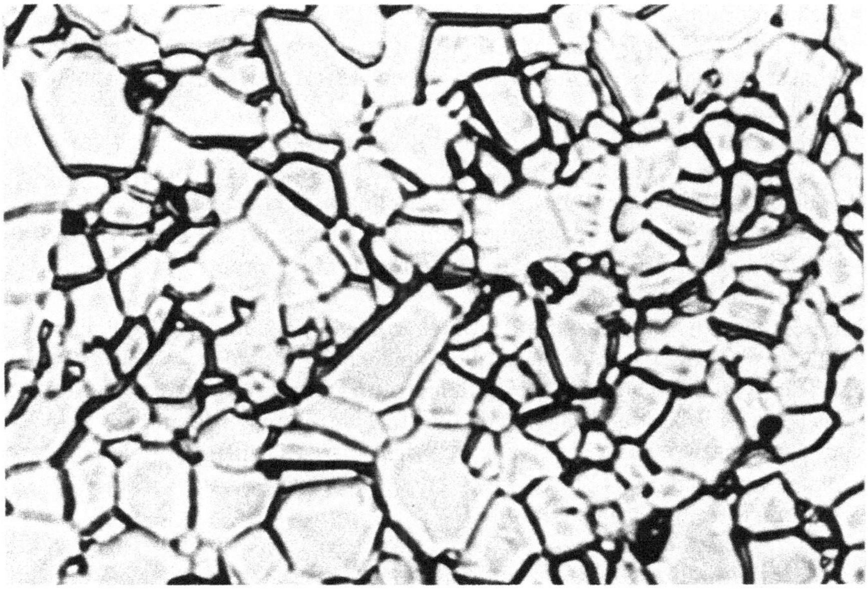

Abb. 48. Gefügeaufnahme an einem Sr-Ferritmagneten mit Kristallausrichtung. Blickrichtung parallel zum Magnetfeld und zur Texturachse, die hexagonalen Ebenen liegen in der Bildebene [49]

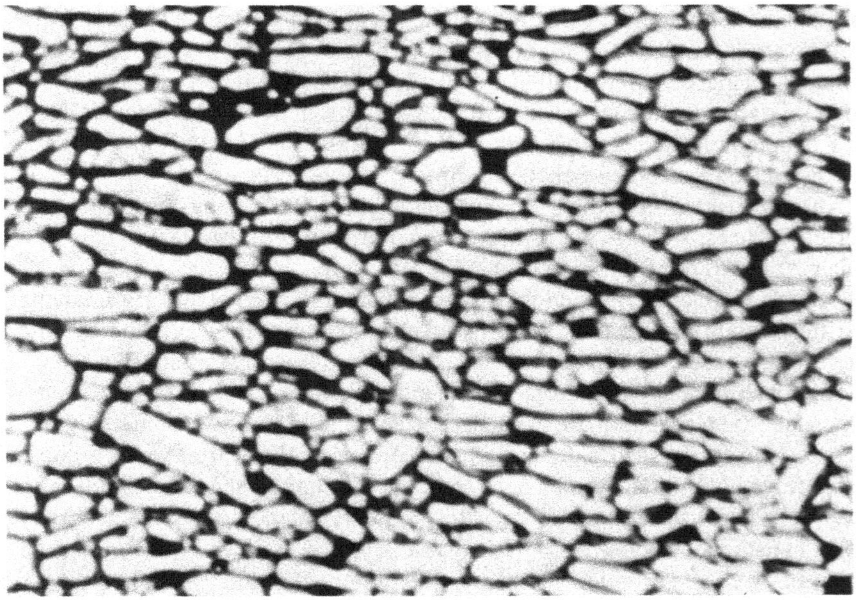

Abb. 49. Gefügeaufnahme vom gleichen Magneten wie Abb. 48, Blickrichtung jedoch senkrecht zum Magnetfeld und zur Texturachse [49]

merklich gröber als in isotropen Qualitäten. Bei den isotropen Qualitäten ist die Empfindlichkeit der Koerzitivfeldstärke gegen Kornvergröberungen erheblich höher.

Ein anisotroper Magnet sollte bei idealer Ausrichtung und beim Messen mit einem Magnetfeld, das senkrecht zur Vorzugsrichtung steht, keine Hysterese aufweisen und die erhaltene Kurve sollte durch den Nullpunkt gehen. Jede Abweichung hiervon kann also einer unvollständigen Textur zugeschrieben werden. Diese Messung läßt sich unter der Annahme einer isotropen Verteilung der nicht vollständig ausgerichteten Bestandteile sogar zumindest halbquantitativ auswerten: Dann ist nämlich die bei dieser Messung gefundene Remanenz gleich der halben Sättigungsmagnetisierung der unorientierten Bestandteile, womit sich aus dem Vergleich mit der Remanenz in Vorzugsrichtung bereits ein Rückschluß auf den Anteil der nichtorientierten Kristallite ergibt [51].

3.5 Kunststoffgebundene keramische Magnete

Die günstigsten Dauermagneteigenschaften werden bei dichtester Packung des magnetischen Materials erzielt. Eine praktisch vollständige Verdichtung läßt sich bei diesem verhältnismäßig harten Material nur durch Zusammensintern der einzelnen Partikel erzielen. Verzichtet man jedoch auf optimal erzielbare magnetische Werte, so lassen sich aus Pulvern dieser Werkstoffe Dauermagnete mit bis vor einiger Zeit unvorstellbaren Eigenschaften erzielen: Bettet man nämlich Pulverpartikel aus Barium- oder Strontiumferrit in geeignete Kunststoffe ein, so lassen sich flexible Dauermagnete herstellen. Sofern die Pulverpartikel in diesen kunststoffgebundenen Magneten mit ihren Vorzugslagen isotrop verteilt sind, sind die magnetischen Eigenschaften derartiger flexibler Dauermagnete einfach im Verhältnis der Verdünnung des magnetischen Materials durch den Kunststoff gegenüber den entsprechenden gesinterten isotropen Magneten erniedrigt. Hier zeigt sich unter anderem der Vorteil eines Dauermagnetwerkstoffes, dessen magnetische Eigenschaften überwiegend auf der großen Kristallanisotropieenergie beruhen; Entmagnetisierungseffekte und Wechselwirkungen der einzelnen Magnete untereinander spielen nur eine untergeordnete Rolle.

Bei diesen isotropen kunststoffgebundenen Magneten hängen die mechanischen Eigenschaften (Flexibilität, Bruchfestigkeit) natürlich sehr stark von der Art des verwendeten Kunststoffes ab. Bei gegebener Kunststoffqualität nimmt die Flexibilität mit fallendem Kunststoffanteil ab, während gleichzeitig durch die steigende Dichte des Magnetmaterials die magnetischen Eigenschaften günstiger werden. Eine für die praktische Anwendung noch ausreichende Flexibilität kann bei günstiger Kunststoffzusammensetzung noch einen Volumenanteil des Magnetmaterials von 50–66% ergeben. Damit läßt sich bei isotroper Anordnung der Richtungen der Pulverpartikel noch eine Remanenz von $B_r = J_S/4$ bis $B_r = 2\,J_S/3$ und damit eine maximale Energiedichte von $(BH)_{\max} = J_S^2/64\,\mu_0$ bis $J_S^2/48\,\mu_0$ erreichen, d. h. ein Viertel bis ein Drittel der Energiedichte gesinterter isotroper Magnete.

Die Kristallite von Ba- oder Sr-Ferritpulvern haben im allgemeinen eine plättchenförmige Gestalt, wobei die hexagonale Ebene gleich der Plättchenebene ist, die magnetische Vorzugslage also senkrecht auf der Plättchenebene steht. Diese

Gestaltsanisotropie der Pulverpartikel ergibt die Möglichkeit einer mechanischen Texturerzeugung. An sich bildet sich in einem derartigen Pulverhaufwerk bei jedem Fließen des Pulvers eine Textur aus, da sich die Pulverpartikel entsprechend den lokalen Strömungsbedingungen ausrichten.

Derartige Orientierungsphänomene machen es sogar recht schwierig, wirklich texturfreie Formkörper herzustellen. Wirklich texturfreie Volumenanteile gibt es wohl nur im Innern isostatisch verdichteter Presslinge. Auf gewisse Schwierigkeiten, die mit dem Auftreten derartiger Anisotropien bei der Herstellung keramischer Dauermagnete verbunden sind, wird im Abschnitt über die Herstellungstechnologie noch einzugehen sein. – Für die kunststoffgebundenen Magnete ergab jedoch die mechanische Ausrichungsfähigkeit derartiger Pulverhaufwerke die Möglichkeit der Verbesserung der magnetischen Eigenschaften. Eine Abschätzung der zu erreichenden magnetischen Werte kann auch hier geschehen: Dabei ist wieder für das Aufrechterhalten einer ausreichenden Flexibilität, durch die sich diese kunststoffgebundenen Werkstoffe überhaupt auszeichnen, ein Volumenanteil von etwa 34 bis 50% Kunststoff notwendig, d. h. eine Magnetmaterialkonzentration von 50 bis 66%. Damit steht im günstigsten Fall, d. h. bei vollständiger Textureinstellung, eine Remanenz von $B_r = J_S/2$ bis $B_r = 2\,J_S/3$ zur Verfügung und damit eine maximale Energiedichte von $(BH)_{max} = J_S^2/16\,\mu_0$ bis $(BH)_{max} = J_S^2/9\,\mu_0$.

3.6 Eigenschaften keramischer Magnete

In den bisherigen Abschnitten dieses Kapitels waren die aus den Einkristalleigenschaften abzuleitenden günstigsten magnetischen Werte für die hauptsächlichsten Werkstoffqualitäten genannt worden. Dabei waren bei den dichtgesinterten Werkstoffen nur zwei Qualitäten unterschieden worden, nämlich eine isotrope und eine

Tabelle 9. *Eigenschaften kommerzieller keramischer Dauermagnete nach DIN 17 410 (1975)*

Werkstoff Kurzname		$(BH)_{max}$-Wert* kJ/m³	Remanenz mVs/m²	Koerzitivfeldstärke* $_BH_c$ kA/m	$_JH_c$	relat. Perm. μ	Dichte** g/cm³
isotrop:							
Hartferrit	7/21	6,5	190	125	210	1,2	4,9
anisotrop:							
Hartferrit	20/19	20	320	170	190	1,1	4,8
Hartferrit	20/28	20	320	220	280	1,1	4,6
Hartferrit	24/23	24	350	215	230	1,1	4,8
Hartferrit	25/14	25	380	130	135	1,1	5,0
Hartferrit	25/25	25	370	230	250	1,1	4,8
kunststoffgebunden:							
Hartferrit	1/18 *p*	0,8	63	50	175	1,1	2,3
Hartferrit	3/18 *p*	3,2	135	85	178	1,1	3,9
Hartferrit	9/19 *p*	9,0	220	145	190	1,1	3,4

* Mindestwerte
** Richtwerte

mit Textur. In ähnlicher Weise war auch bei den kunststoffgebundenen keramischen Magneten nur zwischen einem isotropen und einem ideal gerichteten Material unterschieden worden. Die praktischen Anforderungen an keramische Dauermagnete und der unterschiedliche Fertigungsaufwand, der zur Erfüllung dieser Anforderungen notwendig ist, haben jedoch zu einer erheblich weitergehenden Differenzierung geführt. Auf die fertigungsbedingten Unterschiede in diesen

Tabelle 10. *Zusammenstellung einiger Katalogwerte gesinterter keramischer Dauermagnete*

Bezeichnung	$(BH)_{max}$-Wert kJ/m³	Remanenz mVs/m²	Koerzitivfeldstärke $_BH_c$ kA/m	$_JH_c$	relat.Perm. μ	Dichte g/cm³
Ferroxdure* 100	7,6	210	127	–	1,2	4,8–5,0
Ox** 100	8,0	210	135	–	1,1	4,9
Oxit*** 100	6,3–7,9	220–190	128–152	–	1,15	4,9
Roboxit° 100	7,5	210	135	250	1,2	4,8
Ferroxdure 280	23,2	355	238	–	1,1	4,6–4,9
Roboxid 280	21,5	330	230	250	1,08	4,8
Feroxdure 300	26,4	390	151	–	1	4,8–5,0
Ox 300	24	380	144	–	1,1	5,0
Oxit 300 *K*	21–25	390–360	152–184	–	1,05–1,1	5,0
Oxit 300 *R*	23,5–27,5	410–375	128–160	–	1,05–1,1	5,1
Roboxit 330	25,5	360	215	240	1,06	4,9
Ferroxdure 360	28,8	390	175	–	1	4,6–4,9
Ox 360	27	380	160	–	1,1	5,0
Oxit 360	27–30	400–375	152–184	–	1,05–1,1	4,9
Roboxit 380	30	390	240	260	1,04	4,8
Ox 400	29	380	245	–	1,1	4,7

* Handelsname der Valvo GmbH, Hamburg
** Handelsname der Magnetfabrik Bonn GmbH, vorm. Gewerkschaft Windhorst, Bonn
*** Handelsname der Thyssen Edelstahlwerke AG, Magnetfabrik Dortmund
° Handelsname der Robert Bosch GmbH, Stuttgart

Werkstoffen wird in Kapitel 4 näher einzugehen sein, über die von der Anwendung her beeinflußten Eigenschaftskombinationen wird im Kapitel 5 über die Anwendungen keramischer Magnete zu sprechen sein. Hier sollen nur die Werkstoffeigenschaften kommerzieller Dauermagnete genannt und charakterisiert werden.

Dabei bietet es sich zunächst an die durch Normung festgelegten magnetischen Eigenschaften keramischer Dauermagnete zu betrachten (DIN 17 410). Sie sind in Tab. 9 zusammengestellt. Diese Tabelle zeigt bereits ein wesentliches Charakteristikum: Neben den isotropen Qualitäten für gesinterte und kunststoffgebundene Magnete gibt es mindestens eine remanenz- und eine koerzitivfeldstärkebetonte Qualität der anisotropen Magnete.

Ein Überblick über Firmenkataloge zeigt noch eine erheblich größere Vielfalt an Eigenschaftskombinationen. In der Darstellung der Tab. 10 wurde der Versuch unternommen, jeweils vergleichbare Werkstoffe verschiedener Anbieter nebeneinander zu stellen. Abb. 50 zeigt eine Auswahl der Entmagnetisierungskurven gesinterter isotroper Ferritmagnete, Abb. 51 gibt eine Zusammenstellung der charakteristischen Entmagnetisierungskurven anisotroper Werkstoffqualitäten.

In Tab. 11 sind einige der im wesentlichen isotropen und in Tab. 12 die anisotropen kunststoffgebundenen Ferritmagnete aufgeführt. Abb. 52 zeigt eine Auswahl der dazugehörigen Entmagnetisierungskurven.

Beim Durchsehen der Tabellen und Abbildungen dieses Abschnitts zeigt es sich, daß bezüglich Remanenz und maximaler Energiedichte die theoretischen

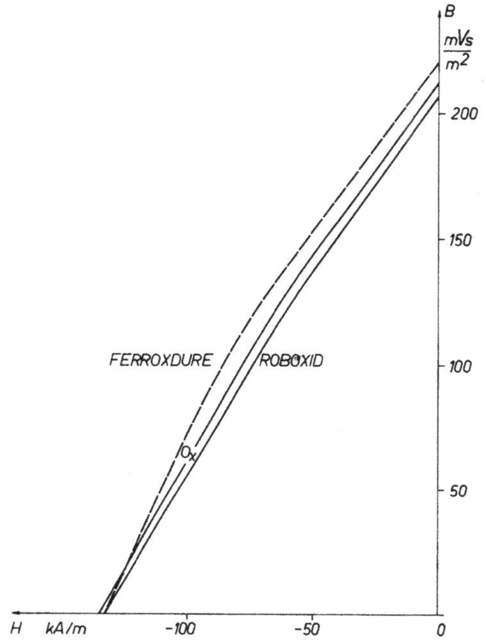

Abb. 50. Einige Entmagnetisierungskurven gesinterter isotroper Ferritmagnete (nach Katalogangaben)

Tabelle 11. *Zusammenstellung einiger Katalogwerte von im wesentlichen isotropen, kunststoffgebundenen Magneten*

Bezeichnung	$(BH)_{max}$-Wert kJ/m³	Remanenz B_r mVs/m²	Koerzitivfeldstärke $_BH_c$ kA/m	$_JH_c$	relat.Perm. μ	Dichte g/cm³
Ferroxdure *P* 30	2,7	125	88	–	1,1	3,1
Ferroxdure *P* 40	3,4	145	96	–	1,15	3,6
Sprox 1 *H*	1,0	75	52	–	1,05	2,3
Sprox 2 *F*, 2 *FP*	2,2	110	72	–	1,05	3,0
Sprox 2 *H*	4,4	160	95	–	1,05	3,8
Sprox 2 *FE*	4,8	170	100	–	1,05	3,6
Sprox 2 *FP*	4,0	150	92	–	1,05	3,4

Werte bei den isotropen Qualitäten nahezu, d. h. auf etwa 20% erreicht werden. Hier liegt jedoch eine gewisse Täuschung vor: Da die Teile aus diesem Werkstoff im allgemeinen auf tablettiermaschinenähnlichen Pressen hergestellt werden (s. Abschnitt 4.2), weisen sie meist eine zumindest geringe Anisotropie auf, sind also nicht streng isotrop. Ihre magnetischen Eigenschaften in Preßrichtung sind daher meist merklich besser als senkrecht dazu und damit auch besser als sie es beim gleichen Werkstoff wären, wenn er wirklich isotrop vorläge. Diese Abweichung von der Isotropie ist natürlich günstig, wenn die Magnetisierungsrichtung beim Gebrauch dieser Werkstoffe mit der Preßrichtung übereinstimmt, in anderen Fällen kann sie nachteilig sein.

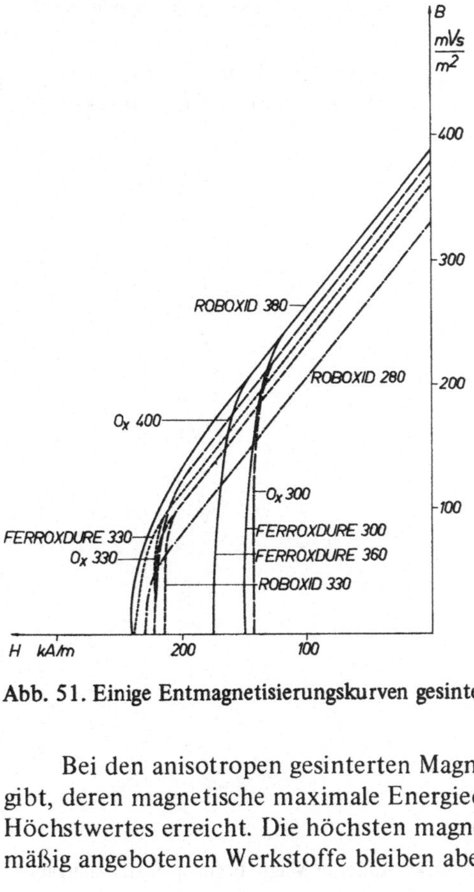

Abb. 51. Einige Entmagnetisierungskurven gesinterter anisotroper Ferritmagnete (nach Katalogangaben)

Bei den anisotropen gesinterten Magneten fällt auf, daß es eine ganze Reihe gibt, deren magnetische maximale Energiedichte nur etwa 50% des theoretischen Höchstwertes erreicht. Die höchsten magnetischen Energiedichten der katalogmäßig angebotenen Werkstoffe bleiben aber immerhin noch etwas mehr als 30%

Tabelle 12. *Zusammenstellung einiger Katalogwerte von im wesentlichen anisotropen, kunststoffgebundenen Magneten*

Bezeichnung	$(BH)_{max}$-Wert kJ/m³	Remanenz B_r mVs/m²	Koerzitivfeldstärke $_BH_c$ kA/m	$_JH_c$	relat.Perm. μ	Dichte g/cm³
Ferroxdure *D* 55	4,8	170	112	–	1,15	4,0
Sprox 4 *F**	8,0	205	144	–	1,05	3,6
Sprox 5 *F*	9,6	230	160	–	1,05	3,6
Roboxid *P* **	9,6	220	195	225	–	–
Prox 200 *	11	260	150	–	1,05	3,8

* Handelsname der Firma Magnetfabrik Bonn GmbH, vorm. Gewerkschaft Windhorst, Bonn
** Handelsname der Firma Robert Bosch GmbH, Stuttgart

unter dem theoretischen Höchstwert. Dies ist allerdings eine reine Kostenfrage, konnte doch gezeigt werden [42], daß durch sorgfältige Wahl der Herstellungsbedingungen und beim Herauschleifen eines Körpers aus einem größeren Magneten eine maximale Energiedichte von $(BH)_{max}$ = 39,8 kJ/m³ erreicht werden kann. Dieser an einem gesinterten polykristallinen Prüfling gefundene Wert erreicht immerhin den für einen idealen Einkristall im Abschnitt 3.3 abgeschätzten Wert bis auf etwa 10%.

Der Zusammenhang zwischen dem Gefüge keramischer Dauermagnete und den magnetischen Eigenschaften, ausgedrückt durch die Entmagnetisierungskurven,

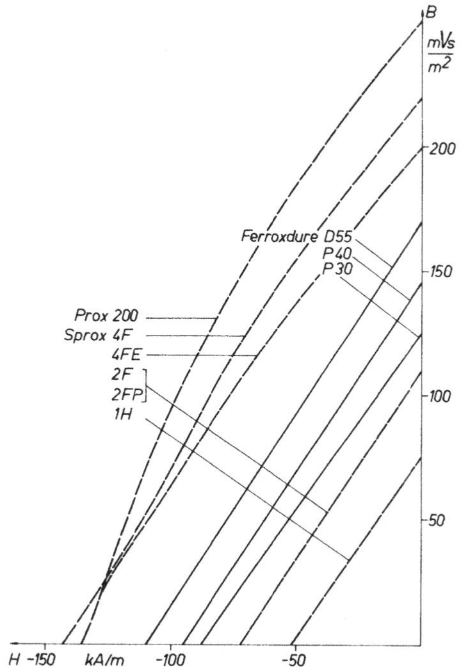

Abb. 52. Einige Entmagnetisierungskurven kunststoffgebundener Magnete (nach Katalogangaben)

kommt in der Darstellung von Abb. 53 zum Ausdruck. Hier sind den Entmagnetisierungskurven die keramographischen Aufnahmen der für sie charakteristischen Gefüge zugeordnet worden.

Rechts unten ist das Gefüge eines isotropen Bariumferritmagneten dargestellt. Die Anordnung der Kristallite ist willkürlich. Die magnetischen Eigenschaften sind daher auch in allen drei Raumrichtungen die gleichen. Seine magnetischen Eigenschaften werden durch die benachbarte Kurve dargestellt. Er kann auf Tablettenpressen verhältnismäßig preiswert vorverdichtet werden.

Durch Pressen in einem Magnetfeld kann die Anordnung der Kristallite im Magneten grundlegend geändert werden. Die kleinen hexagonalen Strontiumferritkristallite sind magnetisch anisotrop und ordnen sich in einem Magnetfeld so, daß ihre hexagonale Basisebene senkrecht zum Magnetfeld steht. Die beiden Teilbilder rechts oben geben das Gefüge eines Sr-Ferritmagneten wieder; rechts ist die Gefügeanordnung senkrecht zum angelegten Magnetfeld zu sehen, im linken Teilbild liegt die Richtung des Magnetfeldes in der Bildebene von oben nach unten. Man erkennt deutlich den geordneten Kristallaufbau. Weiter geht aus diesem Bild hervor, daß die Sr-Ferritkristalle kleine hexagonale Plättchen sind.

Da die Magneteigenschaften – hier in erster Linie die Remanenz – in den drei

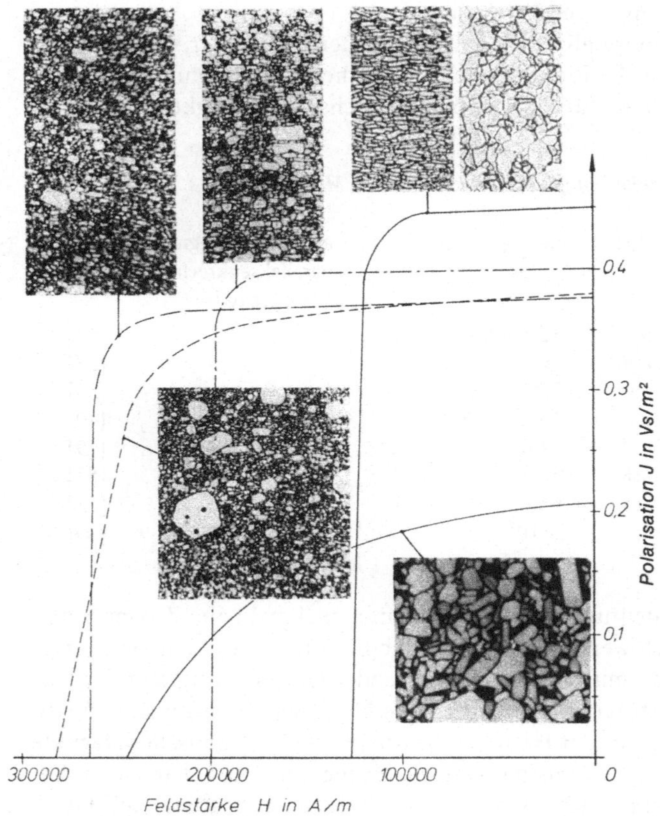

Abb. 53. Zur Korrelation von Gefüge und Entmagnetisierungsverhalten: Entmagnetisierungskurven keramischer Magnete mit zugehörigen Gefügeaufnahmen [52]

Raumrichtungen unterschiedlich sind, bezeichnet man die Magnete mit Kristalltextur als magnetisch anisotrop.

Ein Vergleich der beiden anderen oberen Bilder bringt den Einfluß des Gefüges auf die Koerzitivfeldstärke zum Ausdruck. Das rechte Bild zeigt ein feinkörniges, praktisch gleichmäßiges Gefüge, wogegen das Gefüge des mittleren Bildes insgesamt gröber ist, aber noch eine relativ gleichmäßige Korngrößenverteilung aufweist. Die Probe mit dem feinen Gefüge hat eine bedeutend höhere Koerzitivfeldstärke als die mit dem groben Gefüge. Es sei jedoch darauf hingewiesen, daß in beiden Fällen die rechteckige Form der Entmagnetisierungskurven durch den relativ gleichmäßigeren Kornaufbau der Proben möglich wird.

Dies zeigt der Vergleich mit der punktiert eingezeichneten Entmagnetisierungskurve. Obwohl Remanenz und Koerzitivfeldstärke vergleichbar mit den Werten für die gestrichelt eingezeichnete Entmagnetisierungskurve sind, ist der Gefügeaufbau anders, wie das linke untere Gefügebild ergibt. Zwar ist ein feinkörniges Grundgefüge vorhanden, daneben treten aber grobe Körner in nicht zu vernachlässigendem Maße auf. Diese sind für die Abflachung der Entmagnetisierungskurve – die sich hinsichtlich des Verhaltens des Magneten in einem dynamisch beanspruchten Magnetkreis auswirken kann – verantwortlich.

In Tab. 13 wurden einige allgemeine Eigenschaften gesinterter keramischer Magnete zusammengestellt. E-Modul, Zugfestigkeit, thermische Dehnung und Wärmeleitung sind gemeinsam für die Temperaturwechselbeständigkeit (*TWB*)

Tabelle 13. *Allgemeine Eigenschaften gesinterter keramischer Magnete*

Eigenschaft	Einheit	isotrope Magnete	anisotrope Magnete parallel senkrecht zur Vorzugslage	Quelle
E-Modul	N/mm^2	150 000		[53]
Zugfestigkeit	N/mm^2	50		[53]
Druckfestigkeit	N/mm^2	700		[53]
Biegebruchfestigkeit	N/mm^2	55	60 bis 70	[49]
Thermische Dehnung	$10^{-6} K^{-1}$	11,6	14 bis 15, 9 bis 11	[49]
Wärmeleitung	J/msK	5,86		[53]
Härte	Mohs	6 bis 7		[53]
spez. Widerstand	Ω m	$>10^4$		[49]

eines Werkstoffes von Bedeutung. Diese *TWB* kann manchmal beim Zusammenbau von Magnetkreisen kritisch werden, wenn z. B. die Eisenteile von Lautsprechersystemen mit den Magneten mittels warm aushärtender Kleber verbunden werden und dabei starke Temperaturgradienten auftreten. Die oben schon genannten Größen bestimmen in Verbindung mit der Härte die Bearbeitbarkeit keramischer Magnete. Wegen der recht großen Härte können gesinterte Magnete nur mit Diamantwerkzeugen geschnitten oder geschliffen werden, wobei wegen der begrenzten *TWB* auf gute Kühlung der beanspruchten Flächen geachtet werden muß, da sonst Ausbrüche vorkommen.

Bei den kunststoffgebundenen Magneten ist die Vielfalt der angebotenen Typen naturgemäß noch größer, da hier als weiterer wichtiger Werkstoffparameter die Flexibilität eingeht. Die Forderung nach ausreichender Flexibilität begrenzt auch die Annäherung an den theoretischen Höchstwert zusammen mit der schwierigen Ausrichtetechnologie. Andererseits bieten die Variationsmöglichkeiten in einem kunststoffgebundenen Magneten viele Varianten, die die Anpassung an spezielle Anforderungen gestatten. Doch lohnt das Eingehen auf derartige spezielle Anforderungen natürlich nur bei einem entsprechend großen Bedarf.

4. Herstellung keramischer Magnete

Zu Beginn der industriellen Einführung keramischer Dauermagnete konnte die Magnetindustrie auf Erfahrungen aufbauen, die sie bei der pulvermetallurgischen Herstellung metallischer Dauermagnete bereits gewonnen hatte. Sofern sich Hersteller keramischer Werkstoffe der Fertigung dieser neuen Werkstoffgruppe widmeten, konnten sie auf die Erfahrungen zurückgreifen, die sie aus der Herstellung anderer oxidkeramischer Produkte besaßen.

Unter Oxidkeramik wird die Keramik der reinen Oxide oder, in etwas erweitertem Sinne, die Keramik der einphasigen oxidischen Systeme verstanden. Der Prototype dieser Werkstoffgruppe, von dem wohl auch die Bezeichnung Oxidkeramik abgeleitet wurde, ist die Al_2O_3-Keramik.

Unter Keramik werden heute generell alle nicht metallischen anorganischen Werkstoffe verstanden [27]. Hierher gehören also das Steingut, das Steinzeug und das Porzellan, die als Repräsentanten der sogenannten klassischen Keramik genannt seien. Dabei handelt es sich mit unterschiedlichen Zusammensetzungen stets um silikathaltige, durch Tone im ungebrannten Zustand plastisch verformbare Werkstoffe. Die Verfestigung im keramischen Brand erfolgt über schmelzflüssige Phasen. Im Gegensatz dazu sind die Ausgangsstoffe der einphasigen Oxidkeramik im allgemeinen Pulver, die ohne weitere Hilfsmittel meist nicht zu Formkörpern verarbeitet werden können. Die Umwandlung des geformten Pulverhaufwerks zum polykristallinen Festkörper geschieht während des keramischen Brandes, im wesentlichen ohne das Auftreten flüssiger Phasen, überwiegend durch Diffusion und reine Festkörperreaktionen.

Die Herstellungsverfahren oxidkeramischer Werkstoffe haben daher viele Ähnlichkeit mit den Fertigungsmethoden der Pulvermetallurgie, wobei allerdings der Verdichtungsprozeß des Sinterns beim keramischen Brand meist in Luft erfolgen kann. Selbstverständlich mußten alle Verfahrensschritte für diese Werkstoffgruppe eigens entwickelt werden, um die speziellen magnetischen Eigenschaften der keramischen Dauermagnete auszunutzen.

Hier sei zunächst ein Überblick gegeben, an den sich eine nähere Betrachtung der einzelnen Schritte des Fertigungsprozesses anschließen wird: In Abb. 54 ist der Herstellungsgang keramischer Magnete in einem Blockschema übersichtsweise dargestellt. Als Rohstoffe werden meist Barium- oder Strontiumkarbonat und Eisenoxide sowie gewisse Zusätze, die meist der Steuerung des Kristallwachstums und der Verdichtung beim späteren Sintern dienen, benutzt. Diese werden gemischt und in einer anschließenden Reaktionsglühung, die auch Kalzinierung genannt wird, zumindest teilweise in den gewünschten Ferrit überführt. Die Reaktionsprodukte werden anschließend homogenisiert und zerkleinert, manchmal werden auch erst hier zum Mahlen einige der Zuschlagstoffe hinzugefügt. Nach dem Mahlen werden die pulverförmigen Stoffe vielfach noch zur Formgebung vorbereitet. Bei der Formgebung erfolgt gleichzeitig eine gewisse Vorverdichtung der Pulver, meist bis etwa zur Hälfte der Dichte der Endprodukte. Im keramischen Brand erfolgt eine Verdichtung, bei der aus den Pulverpartikeln die Kristallite im polykristallinen Werkstoff wachsen. Die Magnetkörper können nach dem Brand nur noch mit Diamantwerkzeugen schleifend bearbeitet werden, wobei man sich im allgemeinen darauf beschränkt, die zum Anbringen der Polschuhe bestimmten Flächen zu egalisieren. Viele Magnete werden erst nach dem Einbau in die magnetischen Kreise magnetisiert. Meist werden nur Magnete, die später keinen zusätzlichen

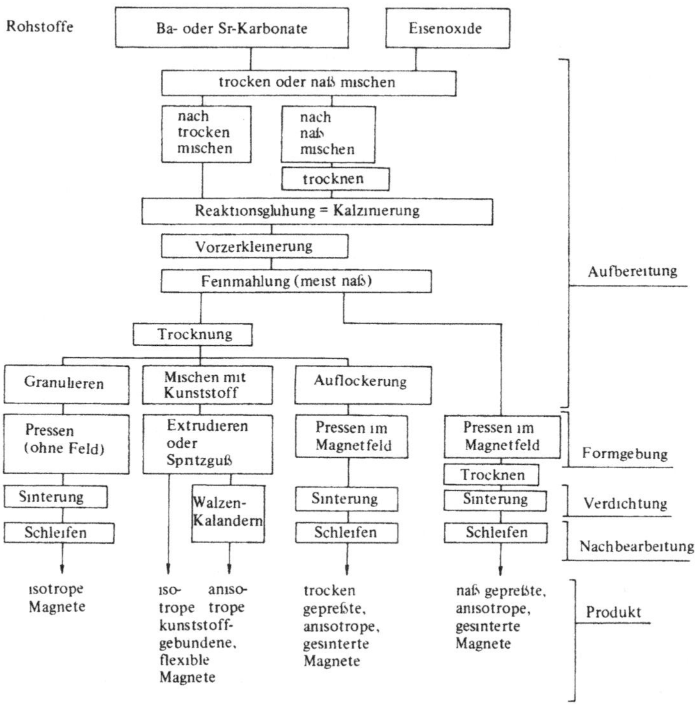

Abb. 54. Schematische Übersicht zum Herstellungsprozeß keramischer Dauermagnete

Eisenrückschluß erhalten sollen, vom Magnethersteller bereits magnetisiert ausgeliefert.

Natürlich unterscheiden sich die Herstellungswege der einzelnen Qualitäten keramischer Dauermagnete voneinander und sind auch die Fertigungsmethoden gleicher Magnetqualitäten bei den einzelnen Herstellern unterschiedlich. Es werden deshalb in den folgenden Abschnitten mehr die grundsätzlichen Überlegungen, die bei den einzelnen Fertigungsschritten beachtet werden müssen, als die technischen Einzelheiten beschrieben werden.

Bevor jedoch auf diese einzelnen Schritte näher eingegangen wird, soll schon jetzt darauf hingewiesen werden, daß der Herstellungsgang stets als Ganzes gesehen werden muß. Jede organisatorische und gedankliche Unterteilung dient nur der

Erfassung und Beherrschung des Gesamtprozesses. Jeder Eingriff und jede Veränderung am Anfang des Herstellungsganges, z. B. jedes allmähliche Wegdriften der Eigenschaften eines Rohstoffes oder jede Veränderung beim Mahlen wirkt sich auf das Fertigprodukt genauso aus, wie jede Veränderung beim Sintern. Auf diese sehr starke Abhängigkeit der einzelnen Herstellungsschritte voneinander wird am Ende dieses Kapitels nochmals, dann ausführlicher, einzugehen sein. Erst ihre Berücksichtigung erlaubt eine präzise Steuerung der Fertigung und das Einhalten des Qualitätsniveaus.

Es sei nochmals auf die im Abschnitt 3.1 bereits erwähnte Auswahl zwischen Barium-, Strontium- oder Bleiferrit hingewiesen: Bis etwa zum Jahre 1960 wurden im wesentlichen Bariumferritmagnete hergestellt. Lediglich für spezielle Anwendungen wurden auch Bleiferrite in Erwägung gezogen, da die Ergebnisse einiger Laboratorien eine zeitlang darauf hinwiesen, daß mit Bleiferriten besonders hohe Koerzitivfeldstärken zu erreichen seien [54]. Untersuchungen an Strontiumferrit und Barium-Strontium-Mischferriten hatten zunächst keine Hinweise auf günstigere magnetische oder Verarbeitungseigenschaften ergeben. Da das Strontiumkarbonat teurer ist als das Bariumkarbonat, bestand auch keine Veranlassung für die Fertigung von Strontiumferritmagneten.

Die Arbeiten an und mit Bleiferriten sind wohl inzwischen überall eingestellt worden, einmal wegen der gesundheitlichen Gefahren beim Umgang mit Blei und wegen seines Preises, zum anderen, weil erkannt worden ist, daß mit den anderen Ferriten gleich gute oder gar bessere Magnete hergestellt werden können. Diese Erfahrungen sind in Übereinstimmung mit Erwartungen, die sich aus den in Tab. 8 genannten Einkristalleigenschaften ableiten ließen.

Im Laufe der sechziger Jahre zeigte es sich jedoch, daß das Erreichen und Einhalten von guten magnetischen Eigenschaften in einer Großfertigung mit Strontiumferrit eher zu bewältigen ist als mit Bariumferrit. Dies gilt besonders bei den anisotropen Magneten mit hoher Koerzitivfeldstärke, bei denen eine möglichst weitgehend gerade Entmagnetisierungskurve angestrebt wird, also ${}_BH_c \sim B_r/\mu_0$ und ${}_JH_c > B_r/\mu_0$. Für die Herstellung dieser Strontiumferrite war zunächst von Strontiumkarbonaten ausgegangen worden, die aus dem recht reichlich verfügbaren Mineral Coelestin, einem Strontiumsulfat, gewonnen worden waren [30]. Diese Sr-Karbonate enthielten noch einige Sulfatverunreinigungen. Es war daher ein Zusammenhang zwischen dem Sulfatgehalt dieser Strontiumferritmagnete und ihren recht günstigen Eigenschaften vermutet worden [55]. Seither ist jedoch gezeigt worden, daß die Sulfate sicher keine günstigeren Wirkungen haben als andere unmagnetische Zusätze [56].

Die Herstellungsverfahren für Barium- und Strontiumferritmagnete beruhen im wesentlichen auf den gleichen Erkenntnissen und stimmen weitgehend überein. Es wird daher bei der Besprechung der einzelnen Herstellungsschritte nicht zwischen den beiden Sorten unterschieden.

4.1 Die Aufbereitung

Mit „Aufbereitung" bezeichnet man in der Keramik allgemein alle Fertigungsschritte, die zwischen der Anlieferung der Rohstoffe und der Formgebung liegen. Im Falle der keramischen Dauermagnete müssen also hier die Rohstoffe, das Mischen, die Reaktionsglühung, das Mahlen und das Vorbereiten der Pulver zur weiteren Verarbeitung betrachtet werden.

4.1.1 Rohstoffe

Bereits verhältnismäßig frühzeitig war erkannt worden, daß die Reinheitsanforderungen bei der Herstellung keramischer Dauermagnete erheblich geringer sind als bei der Herstellung metallischer Magnete und bei den meisten weichmagnetischen keramischen Werkstoffen [33, 57]. Es hatte sich aber auch recht früh gezeigt, daß die Qualität keramischer Dauermagnete stark von der Art der benutzten Rohstoffe abhängt, jedenfalls bei gegebenem Fertigungsverfahren. Hierbei spielt die Fähigkeit zur Verbindungsbildung bei der Reaktionsglühung eine entscheidende Rolle: Werden Eisenoxide benutzt, die in ihrer Herstellung bereits hoch erhitzt worden waren oder

Tabelle 14. *Einige für die Fertigung von Ferritmagneten geprüfte Eisenoxide (nach* [58]*)*

Typ	Eisengehalt (als Fe_2O_3) in %	SiO_2-Gehalt in %	Spez. Oberfläche (nach B.E.T.) in m^2/g	Schüttdichte in g/m^3
Beizlaugenregenerat (Ruthner)	98,6–99,0	0,01–0,04	1,7–2,2	0,51–0,92
Beizlaugenregenerat (Otto)	98,6	0,1	8,0	0,24
Aus Erzen gewonnen	98,5–99,2	0,15–1,0	0,6–7,2	0,57–1,8
Synthet. Eisenoxid	98,5–99,5	0,01–1,1	2,4–4,9	0,55–0,82
Synthet. Eisenoxid chemisch rein	99,9	–	1,8	–

bei deren Entstehung hohe Temperaturen für lange Zeiten einwirkten, wie dies bei den meisten natürlichen Eisenoxiden der Fall ist, so laufen alle Reaktionen zur Ferritbildung erst bei verhältnismäßig hohen Temperaturen mit einer technisch tragbaren Geschwindigkeit ab. Diese Reaktionen sind aber dann meist kaum noch zu steuern. Werden andererseits Eisenhydroxide benutzt, die lediglich chemisch gefällt worden sind, so reagieren sie bereits bei erheblich niedrigen Temperaturen; die Rekristallisationsprozesse lassen sich aber auch auf diese Weise schlecht steuern. In den meisten Fertigungen werden daher Eisenoxide mit mittlerer Reaktionsfähigkeit bevorzugt. Dies empfiehlt sich besonders dann, wenn Eisenoxide unterschiedlicher Herkunft nebeneinander verarbeitet werden sollen oder müssen.

Zum Charakterisieren der Reaktionsaktivität eines Eisenoxids wird meist, wie auch sonst in der Pulvercharakterisierung, die spezifische Oberfläche oder eine ihr zuzuordnende Größe benutzt. Die Bestimmung der Korngröße oder gar der entscheidenden Korngrößenverteilung ist bei den hier in Frage kommenden Abmessungen von erheblich weniger als 1 μm für die Fertigungskontrolle zu aufwendig. In manchen Fällen hat sich auch die Bestimmung des Verhältnisses von Fe^{II}- zu Fe^{III}-Ionen bewährt [57], dies besonders bei der Benutzung von Eisenoxidabfällen aus der Stahlverarbeitung. In Tab. 14 sind die charakteristischen Werte einiger für die Dauermagnetherstellung erprobten Eisenoxide genannt.

In der ersten Zeit der Herstellung keramischer Dauermagnete war meist von synthetischen Eisenoxiden ausgegangen worden. Im Laufe der Zeit setzten sich jedoch vor allem aus Kostengründen immer mehr natürliche Eisenoxide zum Teil in Kombination mit Eisenoxiden durch, die aus Stahlblechbehandlungs- und Vergütungsanlagen anfielen. Die beim Reinigen der für das Ätzen von Stahlblechen benutzten Säuren anfallenden Eisenoxide sind außerordentlich feinteilig, sie haben etwa kolloidale Abmessungen und sind daher außerordentlich sinteraktiv. Durch

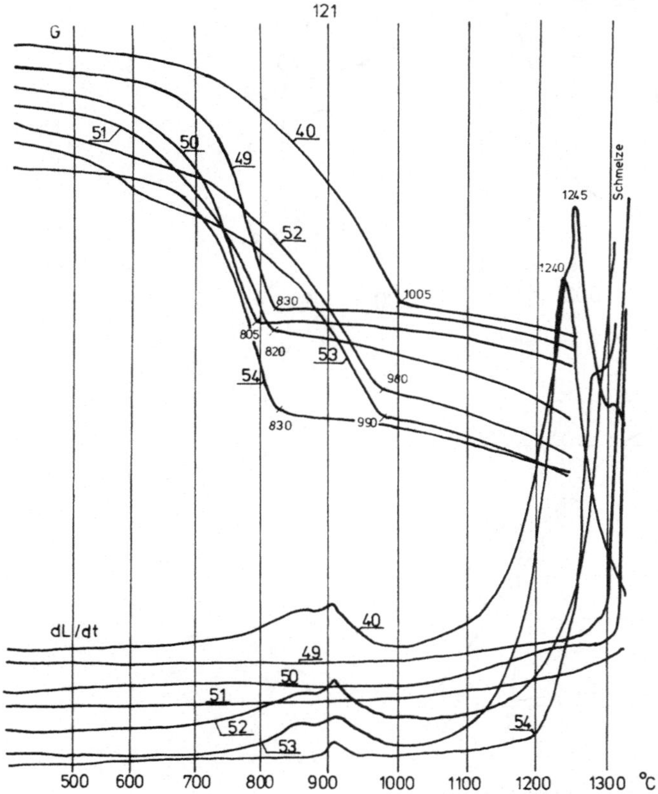

Abb. 55. Die Bildung von Bariumferriten beim Sintern ausgedrückt durch den Gewichtsverlust und die Ableitung der Schwindung nach der Temperatur beim Aufheizen von Preßlingen aus Bariumkarbonat und einem synthetischen Eisenoxid mit konstantem Fe_2O_3/BaO-Verhältnis von 5,6 und verschiedenen Zusätzen [58]. *40* ohne Zusatz, *49* 1 Gew.% Cl-Ionen als $FeCl_3$, *50* 2 Gew.% Cl-Ionen als $FeCl_3$, *51* 1 Gew.% Cl-Ionen als $FeCl_2$, *52* 1 Gew.% SO_4-Ionen als $FeSO_4$, *53* 1 Gew.% NO_3-Ionen als $Fe(NO_3)_3$, *54* 0,5 Gew.% Cl-Ionen als $FeCl_3$

einen geeigneten Röstprozeß lassen sie sich jedoch in fast jeder gewünschten Weise vergröbern und in ihrer Aktivität damit herabsetzen. Ihre Verarbeitungsfähigkeit wird damit erheblich günstiger. In Kombination mit natürlichen Eisenoxiden lassen sich durch Wahl der geeigneten Mischungsverhältnisse gerade die richtigen Aktivitäten für die Bildungsreaktion hartmagnetischer Ferrite einstellen.

Es liegen inzwischen sehr ausführliche Untersuchungen über die Zusammenhänge zwischen der Reaktivität der Eisenoxide und der übrigen Herstellungsparameter keramischer Dauermagnete vor [58]. In Abb. 55 sind als Beispiel solcher Arbeiten die Thermogravimetrie- und die Schwindungskurven (bzw. deren Ableitungen) für

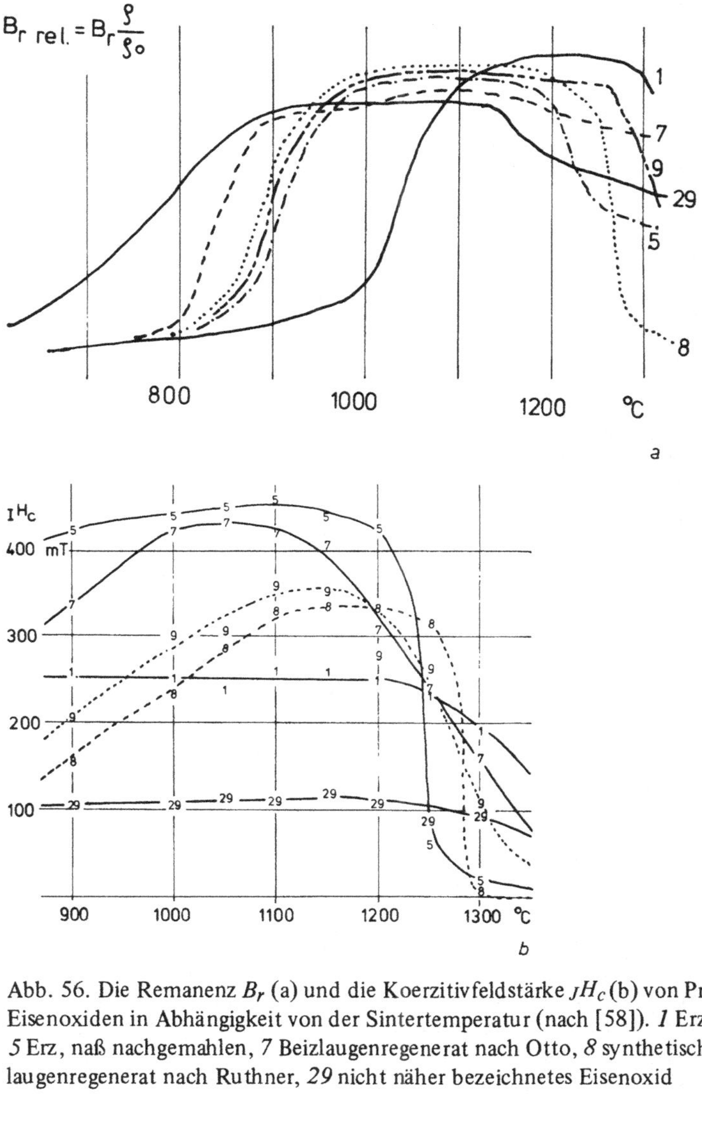

Abb. 56. Die Remanenz B_r (a) und die Koerzitivfeldstärke $_JH_c$ (b) von Proben aus verschiedenen Eisenoxiden in Abhängigkeit von der Sintertemperatur (nach [58]). *1* Erz, trocken aufbereitet, *5* Erz, naß nachgemahlen, *7* Beizlaugenregenerat nach Otto, *8* synthetisches Eisenoxid, *9* Beizlaugenregenerat nach Ruthner, *29* nicht näher bezeichnetes Eisenoxid

einen Rohstoff mit veränderten Zusätzen aufgetragen. In Abb. 56 ist die relative Remanenz als Funktion der Schlußsintertemperatur für Proben dargestellt, die unter Benutzung verschiedener Eisenoxide hergestellt worden sind.

Auf Grund dieser Erfahrungen ist es an sich möglich, mit fast jedem gegebenen Eisenoxid, das die nicht sehr scharfen Reinheitsanforderungen erfüllt, gute keramische Dauermagnete herzustellen. Die Auswahl der Rohstoffe wird daher im wesentlichen durch Kostenüberlegungen bestimmt.

Bei den Rohstoffen war bisher das Barium und das Strontium nicht erwähnt worden. Die Ursache hierfür liegt in dem erheblich geringeren Einfluß, den die Schwermetalle auf die Bildungsreaktion des Ferrits haben, soferne sie nicht zu grobkörnig vorliegen oder zu stark verunreinigt sind. Da sie nur mit etwa 15 Gewichtsprozent eingehen, ist auch die Kostenfrage nicht von gleich großer Wichtigkeit wie beim Eisenoxid.

Eine recht große Rolle spielen Zusätze, die es gestatten, das spätere Sintern günstiger zu gestalten: Von der magnetischen Theorie her sollte man erwarten, daß die günstigsten Magneteigenschaften bei höchstmöglicher Reinheit erzielt werden können. Besteht nämlich der ganze Magnet nur aus Kristalliten mit Magnetoplumbitstruktur, gegebenenfalls mit idealer Ausrichtung, so erreicht die Sättigungsmagnetisierung ihren höchstmöglichen Wert, womit die wichtigste Voraussetzung für eine hohe magnetische Energiedichte erfüllt wäre. Es hat sich jedoch gezeigt, daß es praktisch, zumindest in der Großfertigung, nicht möglich ist, ein Pulverhaufwerk aus reinem Ferrit, z. B. hergestellt aus Rohstoffen der Qualität „pro analysi", dicht zu sintern und gleichzeitig eine für Dauermagnetzwecke notwendige Gefügefeinheit aufrechtzuerhalten. Dies gelingt vielmehr erst bei Zusatz gewisser Sinterhilfsmittel. Dabei wird die ungünstige Auswirkung unmagnetischer Bestandteile auf die Sätti-

Tabelle 15. *Einige als Sinterhilfsmittel wirkende Zuschlagstoffe*

Stoff	günstige Menge in %	Wirkung und Wirkungsweise, soweit bekannt	Quelle
$BaCO_3$-Überschuß $SrCO_3$-Überschuß PbO-Überschuß	0,2–3	günstige Verdichtung, Verbesserung der Verbindungsbildung, z. T. durch flüssige Phasen. Bindet zusätzliches, z. B. durch Mahlen, eingebrachtes Eisen	[33] [54] [57] [62]
SiO_2	0,5–1	Kornwachstumsinhibitor, Korngrenzsubstanz	
$CaSiO_3$	0,5–1,2	günstigere Verdichtung, wirkt katalytisch	[59]
Al-Silikate	0,5–2	fördert Verdichtung, J_S niedriger, $_jH_c$ verbessert Al^{+++} auf 12 *k*-Plätze	[25] [29]
Al-Oxid oder -Hydroxid	0,1–2	J_s niedriger, $_jH_c$ verbessert, Al^{+++} auf 12 *k*-Plätze	[28] [29]
Bi_2O_3	0,5–1,5	fördert Verdichtung, flüchtig	[60]
Cl-Ionen	0,01–2	fördert Monoferritbildung	[58]
Ga_2O_3, Cr_2O_3	–	ähnlich Al_2O_3	[61]
Ga_2O_3, Zn_2O_3	0,1	leichte Zunahme von J_S	[64]
Pb-Silikate zu Pb-Ferrit	0,2–1,2	Bessere Verdichtung bei begrenztem Kristallwachstum; flüssige Phase, Eutektikum	[54]

gungsmagnetisierung durch die erheblich bessere Verdichtung bei begrenztem Kristallwachstum überkompensiert.

Als derartige Sinterhilfsmittel sind viele Verbindungen vorgeschlagen worden. Eine Übersicht hierzu gibt Tab. 15. Beim in der Tabelle genannten und eine zeitlang zumindest in einer großen Fertigung benutzten Wismutoxid sollte der besondere Vorteil darin bestehen, daß dieser Zusatzstoff zwar seine günstige Wirkung als die Verdichtung fördernd und das Kornwachstum hemmend ausübt, aber dabei gleichzeitig im wesentlichen verdampft. Trotzdem konnten auch mit Wismuthoxid keine günstigeren Eigenschaften als mit den anderen genannten Zuschlagstoffen erzielt werden. Der verhältnismäßig hohe Preis von Wismuthoxid hat es wohl inzwischen aus dieser Anwendung verdrängt.

Es ist übrigens schon darauf hingewiesen worden, daß auch das stets in Überschuß eingesetzte Schwermetalloxid bzw. -Karbonat die Funktion eines Sinterhilfsmittels erfüllt [33, 65]. Es wird nämlich stets von einem vom stöchiometrischen Verhältnis $MO/Fe_2O_3 = 1/6$ abweichenden Ansatz ausgegangen, wobei meistens Mischungsverhältnisse von 1 : 5,7 bis 1 : 5,4 benutzt werden. Ein Teil dieses überschüssigen Schwermetalloxids geht übrigens beim späteren Mahlen in der Mahlflüssigkeit in Lösung und fällt dann als Karbonat aus. Dies führt zu einigen Schwierigkeiten bei der Vorbereitung von Pulvern für die Herstellung anisotroper Magnete im Trockenpreßverfahren. Das sich beim Entziehen des Wassers nach dem Mahlen bildende Bariumkarbonat zementiert nämlich die feinen Ferritkriställchen, die Pulverpartikel, sehr fest zusammen. Da hierbei keine Richtkräfte wirken, sind in derartigen Agglomeraten die Kristallite isotrop orientiert und können daher bei einer Magnetfeldausrichtung nicht mehr zur Texturbildung beitragen. Man ist zur Vermeidung dieses Handicaps gezwungen, entweder das im Wasser gelöste Barium auszufällen und abzutrennen oder trocken zu mahlen.

Das Einwiegen der Rohstoffe sollte mit einer Genauigkeit von besser als 0,1% erfolgen, da allein schon eine Änderung des Stöchiometriefaktors MO/Fe_2O_3 in diesem Bereich merkliche Auswirkungen haben kann, wie Abb. 57 zeigt. Dabei ist noch darauf hinzuweisen, daß die in Abb. 57 berücksichtigten Proben jeweils optimal behandelt worden sind, also nicht einer sonst konstant gehaltenen Fertigung entstammten.

4.1.2 Mischen

Die Anforderungen, die an das Mischen der Rohstoffe gestellt werden müssen, sind naheliegend: Es soll eine möglichst gleichmäßige Verteilung aller Bestandteile erreicht werden, um bei der späteren Reaktion bei erhöhter Temperatur möglichst kurze Diffusionswege zu haben. Dies ist hier natürlich wegen des Fehlens flüssiger Phasen besonders wichtig.

Neben dem rein mechanischen Mischen, das sich in fast allen Fertigungsstätten verhältnismäßig gut bewährt hat, wobei meist eine wäßrige Aufschlemmung benutzt wird, sind natürlich auch schon die Coprezipitation und das Auffällen des einen Partners auf die in Suspension befindlichen Teilchen des anderen Partners vorgeschlagen worden.

Ein echtes gemeinsames Fällen von Eisenoxid bzw. -Hydroxid aus einer Eisenionenlösung und von Bariumkarbonat aus der gleichen, also auch Ba-Ionen enthaltenden Lösung ist jedoch kaum durchzuführen, da die Bildung von Ausscheidungen dieser beiden Bestandteile bei unterschiedlichen pH-Werten der Lösung erfolgt. In Praxis liegt also auch hier immer ein Auffällen des einen Partners auf den anderen vor.

Einfacher und in einer Großfertigung auch wirklich erprobt ist das Auffällen von Bariumkarbonat auf suspendierte Eisenoxidpartikel. Dazu wurde das Eisenoxid in einer Bariumchloridlösung aufgeschlämmt, durch die dann Kohlensäure geperlt wurde. Diesem Vorgehen lag auch die Erkenntnis zugrunde, daß es das Bariumion ist, das in das Eisenoxidgitter hinein diffundiert [62].

Das „gemeinsame" Fällen beider Hauptreaktionspartner ist jedoch verhältnismäßig teuer. Außerdem ist das Fällungsprodukt so reaktionsfreudig, daß die Reaktionsglühung schwierig wird. Das Auffällen von Bariumkarbonat auf Eisenoxidpar-

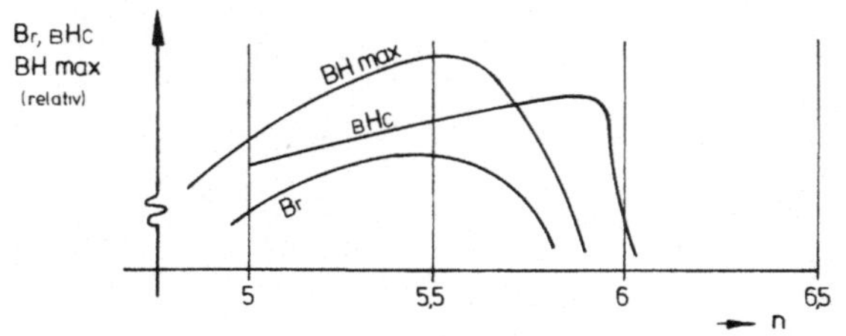

Abb. 57. Einfluß des Stöchiometriefaktors Fe_2O_3/BaO = n auf die magnetischen Eigenschaften eines jeweils auf optimalen $(BH)_{max}$-Wert gesinterten Bariumferrits [58]

tikel hatte sich an sich bewährt, wurde jedoch, soweit bekannt, in einem Falle aus Kostengründen aufgegeben und durch ein Mischen in wäßriger Suspension ersetzt.

4.1.3 Die Reaktionsglühung (Kalzinieren)

Bei der Reaktionsglühung wird aus dem Gemisch der Reaktionspartner überwiegend durch Festkörperrekationen, also ohne Mitwirkung flüssiger Phasen, der gewünschte Ferrit gebildet. Meist werden dafür Temperaturen zwischen 950° und 1250°C angewendet. Die Größe des eben genannten Temperaturintervalls zeigt, daß dabei von sehr unterschiedlichen Bedingungen ausgegangen wird: Wird ein sehr feines und reaktionsfreudiges Eisenoxid als Ausgangsmaterial benutzt, so steht tatsächlich der ganze genannte Temperaturbereich für die Reaktionsglühung zur Verfügung. Die Wahl ihrer speziellen Bedingungen hängt dann nur von den Erfordernissen der weiteren Verarbeitungsschritte und den Anforderungen, die an die fertigen Magnete gestellt werden, ab. Soll jedoch ein reaktionsträges Eisenoxid verarbeitet werden, so muß meist eine Reaktionstemperatur in der oberen Hälfte des genannten Intervalls gewählt werden.

Bei der Reaktionsglühung laufen verschiedene Prozesse neben- und nacheinander ab: Zunächst wird adsorbiertes und, sofern Hydroxide verwendet werden, auch gebundenes Wasser abgespalten. Dies läßt sich thermogravimetrisch durch eine Gewichtsabnahme bei niedriger Temperatur nachweisen.

Zwischen etwa 650° und 750°C setzt die Bildungsreaktion für den Bariummonoferrit ein:

$$BaCO_3 + Fe_2O_3 \rightarrow BaFe_2O_4 + CO_2.$$

Wird durch ausreichend hohen Sauerstoffpartialdruck während der ganzen Reaktion dafür gesorgt, daß alle Prozesse nur in dem System BaO–Fe_2O_3 ablaufen und nicht in das Dreiphasengebiet BaO–FeO–Fe_2O_3 abwandern (Abb. 58), so wird zunächst die Phase BaO · Fe_2O_3 gebildet. Das entsprechende Phasendiagramm ist in Abb. 59 nach [58] dargestellt. Diese Monoferritbildung ist je nach verwendetem Eisenoxid

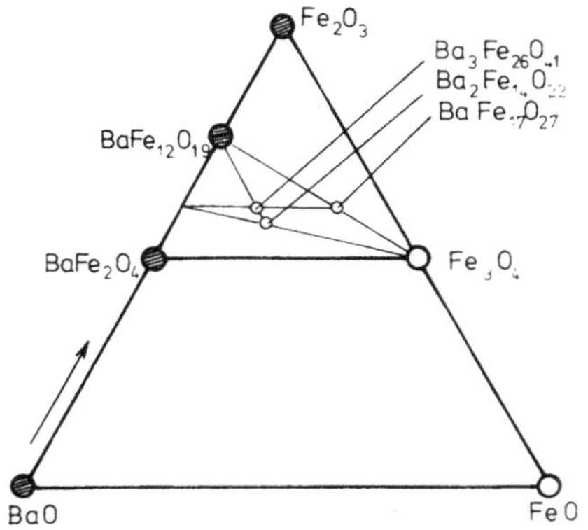

Abb. 58. Das Dreistoffsystem BaO–FeO–FeO_3 [58]

und den eventuell anwesenden Fremdphasen bei etwa 850°–1050°C abgeschlossen. Selbstverständlich hat dabei erst ein Teil des vorhandenen Bariumkarbonats mit dem Eisenoxid reagiert. Das restliche Bariumkarbonat gibt die Kohlensäure bei etwa 900°–1100°C, also einige hundert Grad unterhalb seiner Zersetzungstemperatur ab. Es wird angenommen, daß das anwesende Eisenoxid bzw. der inzwischen gebildete Monoferrit dabei als Katalysator wirkt.

Bei dieser Monoferritbildungsreaktion spielt übrigens im Eisenoxid enthaltenes Chlor eine beträchtliche Rolle, wobei die Bildung eines Bariumchlorid-Eisenchlorid Eutektikums angenommen wird [58].

Die Hexaferritphase BaO · 6 Fe_2O_3 beginnt sich je nach verwendetem Eisenoxid und je nach sonstigen Bedingungen etwa ab 850°C zu bilden [58, 62]:

$$BaFe_2O_4 + 5\ Fe_2O_3 \rightarrow BaFe_{12}O_{19}.$$

Der Abschluß dieser Reaktion kann bei sehr unterschiedlichen Temperaturen liegen und bis etwa oberhalb 1200° erfolgen. Selbstverständlich ist der Reaktionsablauf sowohl der Mono- als auch der Hexaferritbildung neben der Temperatur auch sehr stark zeitabhängig. Für die Verfolgung der Hexaferritbildung stehen neben chemischen Analysen und röntgenographischen Methoden selbstverständlich auch magnetische Messungen zur Verfügung.

In Abb. 60 sind die für ein bestimmtes Zusammensetzungsverhältnis und stets die gleiche Aufheizgeschwindigkeit gefundenen Reaktionsintervalle bei Verwendung verschiedener Eisenoxide dargestellt. Diese Abbildung bringt den starken Einfluß der verwendeten Eisenoxide auf die Ferritbildungsreaktionen drastisch zum Ausdruck. Es ist daher verständlich, daß Rohstoffart, die Vorbehandlung des Rohstoffs und die Führung der Ferritbildungsreaktion zum Erzielen optimaler magnetischer Eigenschaften sorgfältig aufeinander abgestimmt werden müssen.

Die Anforderungen, die die gewünschte Magnetqualität und die späteren Verarbeitungsschritte an das Reaktionsprodukt stellen, können in zwei große Gruppen unterteilt werden:

Für die Herstellung isotroper keramischer Dauermagnete muß ein möglichst feines Gefüge im fertigen Magneten hergestellt werden. Die Gründe hierfür wurden in den Abschnitten 3.4 und 3.6 angedeutet. Dies gelingt jedoch nur mit einem

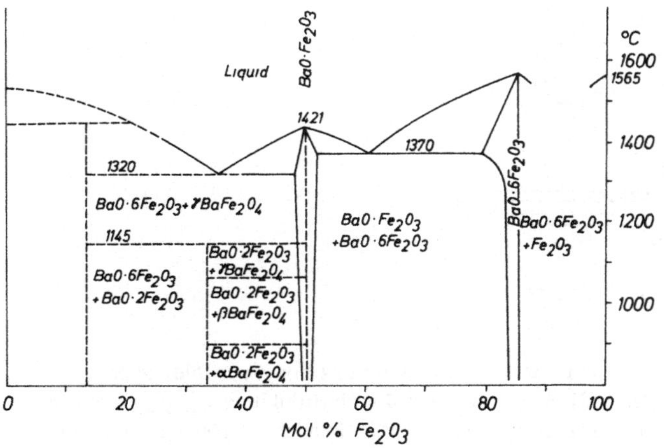

Abb. 59. Ausschnitt aus dem Phasendiagramm nach Goto und Takada (ausgezogen) und nach Zillowski (gestrichelt) des Systems $BaO-Fe_2O_3$ [58]

verhältnismäßig feinen Pulver, bei dem die Primärkristallite nur etwa 1/10 der Abmessungen der Gefügebestandteile des fertigen Magneten haben. Diese Forderung ergibt sich aus der allgemeinen Erfahrung der Oxidkeramik, nach der zum Verdichten eines vorgeformten Pulverhaufwerks durch Sintern etwa eine Verzehnfachung der Korngröße notwendig ist [66, 67]. Dabei wird ausdrücklich zwischen Primärkorngröße und Abmessung der Pulverpartikel unterschieden, da jedes einzelne Pulverteilchen bei einem solchen Pulver ein polykristallines Aggregat ist. Wird die Reaktionsglühung an der Untergrenze des genannten Temperaturintervalls und noch dazu mit kurzer Dauer durchgeführt, so enthalten derartige Pulver oft auch noch eine ganze Anzahl von Suboxiden und sogar manchmal noch unreagierte Bestandteile.

Im Gegensatz dazu muß bei Pulvern, die für die Verarbeitung zu anisotropen Ferritmagneten bestimmt sind, darauf geachtet werden, daß zumindest ein Teil vollständig durchreagierter Magnetoplumbitkristalle hinreichender Größe vorliegt, damit bei diesen Pulvern genügend einkristalline Pulverpartikel vorhanden sind, die sich unter der Wirkung des magnetischen Richtfeldes mit ihrer magnetischen Vorzugslage parallel zum Feld ordnen können. Auf die Frage, warum nicht alle Bestandteile eines für diesen Zweck vorgesehenen Pulvers aus derartigen Einkristallen bestehen müssen und wie hoch dieser Anteil im Einzelfall sein sollte, wird später bei der Besprechung der Vorgänge beim Sintern zu antworten sein.

Darüber hinaus sei erwähnt, daß Pulver, die in kunststoffgebundenen Magneten benutzt werden sollen, natürlich nur aus Teilchen mit Magnetoplumbitstruktur bestehen sollten. Bei isotropen kunststoffgebundenen Magneten können die einzelnen Pulverpartikel aus verschiedenen kleineren Einkristallen zusammengesetzt sein; bei Pulvern jedoch, aus denen hochwertige anisotrope kunststoffgebundene Magnete gefertigt werden sollen, sollten schon möglichst viele Pulverpartikel aus Magnetoplumbiteinkristallen bestehen.

Die Einrichtung getrennter Fertigungsstraßen für jede der genannten mindestens drei Magnetqualitäten lohnt natürlich nur in größeren Herstellungsbetrieben.

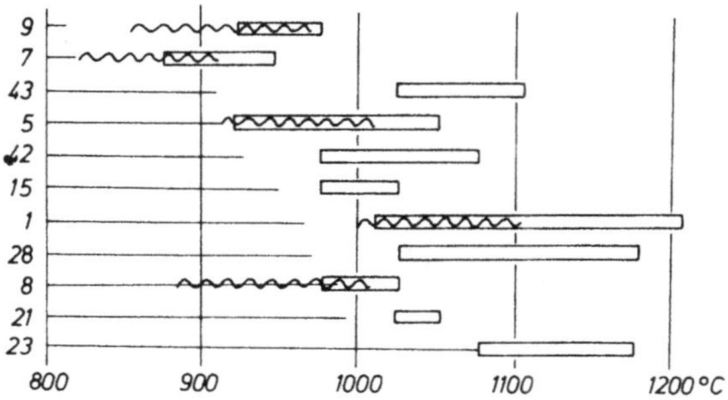

Abb. 60. Der Reaktionsablauf zwischen Eisenoxid und Bariumkarbonat zur Bildung der Magnetoplumbitphase $BaFe_{12}O_{19}$ [58]. —— Ende der Monoferritbildung, ▭ Bereich der Hexaferritbildung aus Röntgenstrukturmessungen, ~~~ Bereich der Hexaferritbildung aus magnetischen Messungen. Bezeichnungen wie in Abb. 56, dazu noch *15* synthetisches Eisenoxid, *21* synthetisches Eisenoxid, *23* Erz, *28* Erz, naß nachgemahlen, *42* Beizlaugenregenerat nach Ruthner, *43* Beizlaugenregenerat nach Ruthner, gemahlen

Sonst lassen sich die unterschiedlichen Erfordernisse auch durch diskontinuierliche Fertigungsweisen erfüllen. Sie gestatten jedenfalls das Einhalten optimaler Fertigungsbedingungen und geben darüber hinaus noch die Möglichkeit einer gewissen Flexibilität in der Rohstoffauswahl.

Trotzdem ist es möglich, insbesondere bei Beschränkung auf eine bestimmte Rohstoffart, mit nur einer einzigen Art der Reaktionsglühung für fast alle der genannten Pulverqualitäten auszukommen. Dies gelingt besonders durch Ausnutzung der durch den Mahlprozeß gegebenen Beeinflussungsmöglichkeiten auf die Pulvereigenschaften. Natürlich muß in diesem Fall eine möglichst vollständige Reaktion der Partner und sogar eine gewisse Mindestgröße der im Pulver vorhandenen Magnetoplumbitkristalle erstrebt werden, da ja beim Mahlen zwar Sinteraktivität erzeugt, aber natürlich ein Kristallwachstum nicht mehr bewirkt werden kann. Auch hier wird also eher im oberen Bereich der genannten Temperaturspanne für die Reaktionsglühung gearbeitet werden.

Zu der Frage des Einflusses der bei der Reaktionsglühung anwesenden Atmosphäre ist bekannt, daß im Bereich des Sauerstoffgehaltes der Luft keine drastische Sauerstoffpartialdruckabhängigkeit besteht. Bei der Benutzung von offenen Flammen als Wärmequellen, wie das in Drehrohröfen im allgemeinen der Fall ist, muß durch ausreichenden Luftüberschuß dafür gesorgt werden, daß der Sauerstoffgehalt der Verbrennungsgase hoch genug bleibt, da nur dann eine gleichmäßige Prozeßführung gewährleistet ist.

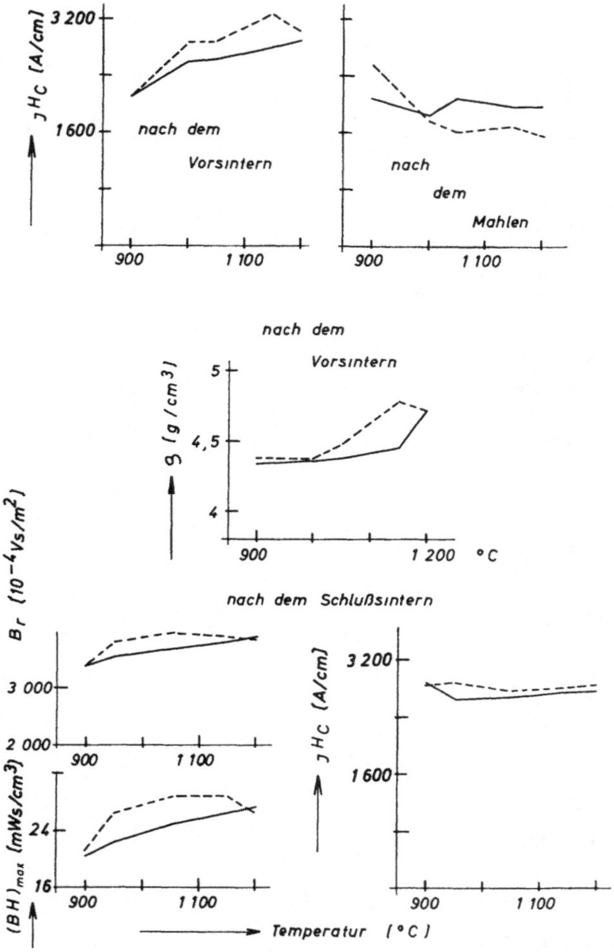

Abb. 61. Magnetisierungskoerzitivfeldstärke nach dem Vorsintern und dem Mahlen, Dichte des vorgesinterten Pulvers sowie magnetische Eigenschaften von magnetfeldorientierten gesinterten Prüfkörpern als Funktion der Vorsintertemperatur bei verschiedenen Wasserdampfgehalten in der Vorsinteratmosphäre für einen Ba–Sr-Mischferrit mit 0,3 Gew.% SiO_2.
—— Vorsinterung an Luft, ------ Vorsinterung an Luft mit Wasserdampfzusatz

Bei Gas- und Ölbrennern ist Wasserdampf eines der Hauptreaktionsprodukte. Der Wasserdampf bewirkt eine leichte Erhöhung der Reaktivität bei der Bildung des Magnetoplumbitgitters. Das Ausheilen der während der Ferritbildung im Gitter eingebauten Gitterfehler führt bei Anwesenheit von Wasserdampf zu fehlerfreieren

Kristallen, die daher eine höhere Koerzitivfeldstärke besitzen. Diese Auswirkung von Wasserdampf ist am wenigsten ausgeprägt bei Anwesenheit größerer Mengen mineralischer Kornwachstumsinhibitoren, er ist bei Strontiumferrit gegenüber Bariumferrit zu niedrigeren Temperaturen verschoben und er kann bei Barium-Strontium-Mischferriten verhältnismäßig ausgeprägt auftreten [68]. Abb. 61 zeigt

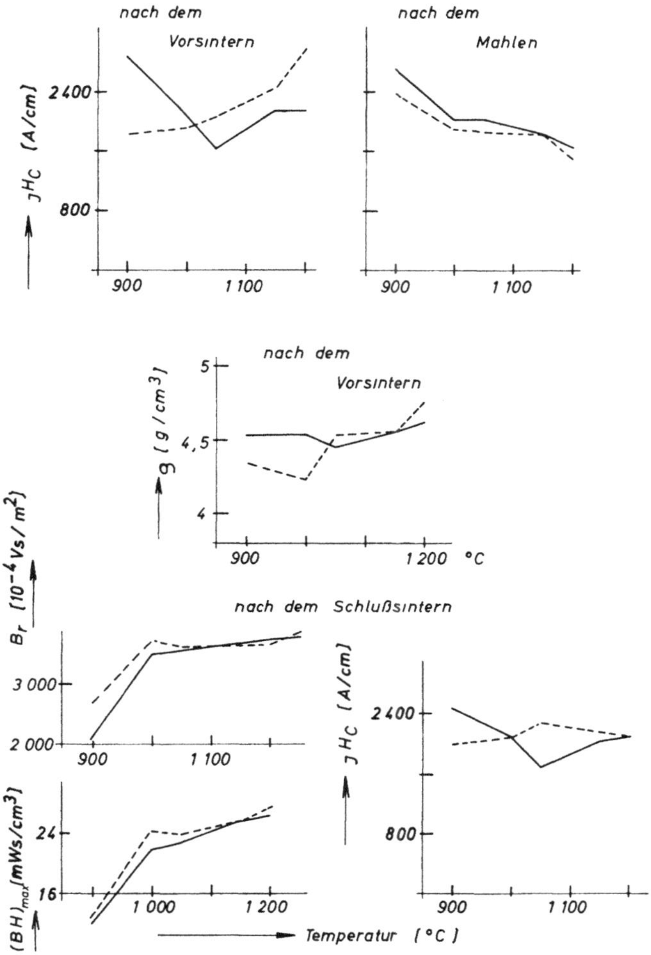

Abb. 62. Wie Abb. 61, jedoch für einen Bariumferrit mit 0,3 Gew.% SiO_2.
——— Vorsinterung an Luft, ------- Vorsinterung an Luft mit Wasserdampfzusatz

die Auswirkung von unterschiedlichen Wasserdampfgehalten bei der Reaktionsglühung an einem Barium-Strontium-Mischferrit als Funktion der Glühtemperatur auf die Koerzitivfeldstärke nach dem Vorsintern und nach dem Mahlen, auf die Dichte der Reaktionsprodukte nach dem Mahlen und auf die magnetischen Eigenschaften nach dem Sintern von Preßlingen, die nach einer Standardmethode hergestellt worden waren; in Abb. 62 sind die gleichen Zusammenhänge für einen Bariumferrit dargestellt.

Für das Reaktionsglühen werden im Labor meist Kammer- oder kleine Rohröfen benutzt, in die das Pulver in Schiffchen oder Schalen eingebracht wird. Hierzu muß das Pulver, falls naß gemischt wurde, vorher getrocknet werden, wobei zum Vermeiden von Entmischungserscheinungen durch den Trocknungsprozeß nach dem Trocknen nochmals gut durchgemischt werden muß. Bei der Wärmebehandlung selbst darf das Pulvervolumen nicht zu groß sein, da die Wärmeleitung derartiger Pulver verhältnismäßig gering und damit die Temperaturverteilung im Pulver meist nicht homogen ist. Eine bestimmte Inhomogenität in so einem Pulverhaufwerk ist aber meist schlecht zu reproduzieren.

In der industriellen Magnetherstellung werden meist Drehrohröfen benutzt. Die Pulvermischung wird den Drehrohröfen meist als Suspension zugeführt, so daß der obere Teil des Drehrohrofens zugleich als eine Art Sprühtrockner wirkt. Wird trocken gemischt, so wird das gemischte Pulver natürlich auch trocken dem Drehrohrofen zugeführt. Hierbei muß meist auf genügende Rieselfähigkeit geachtet werden.

Beim Austritt aus dem Drehrohrofen hat sich eine mechanische Vorzerkleinerung der Reaktionsprodukte im heißen Zustand bewährt.

4.1.4 Mahlen

Das Mahlen dient der Herstellung der für die weiteren Verarbeitungsschritte notwendigen Korngrößenverteilung in den Pulvern und der Erzeugung der beim Sintern benötigten Aktivität der Pulverteilchen.

Diese generelle Aussage ist für Pulver, bei denen die Reaktionsglühung besonders auf die Erfordernisse bei der Herstellung isotroper Ferrite eingerichtet war, nur begrenzt gültig. Bei einem solchen Reaktionsprodukt liegen die Abmessungen der Primärkristalle meist unterhalb des durch Mahlen beeinflußbaren Bereiches. Hier dient das Mahlen also mehr der Homogenisierung der meist aus einer Vielzahl von Primärkristalliten bestehenden Pulverpartikel und der Verbesserung der Sinteraktivität. Verfolgt man die Koerzitivfeldstärke eines solchen Pulvers in Abhängigkeit von der Mahldauer, so findet man den in Abb. 63 durch die Kurve b dargestellten Verlauf: Die Koerzitivfeldstärke der einzelnen Pulverpartikel ist anfangs verhältnismäßig hoch (im Beispiel der Abb. 63 beträgt sie 3100 Oe = 250 kA/m, wobei dies der am isotropen Pulverhaufwerk gemessenen Wert ist; nach den Ausführungen zu Abb. 47 im Abschnitt 3.4 ist die Koerzitivfeldstärke der einzelnen Pulverpartikel doppelt so groß). Sie nimmt mit steigender Mahldauer ab. Dies muß nach den Ausführungen im Abschnitt 3.3 über den Zusammenhang zwischen Korngröße, Gitterfehlern und Koerzitivfeldstärke als ein Überwiegen der Gitterfehlererzeugung im Verhältnis zum Zerkleinerungsvorgang interpretiert werden. Dies wird bestätigt durch die mit der Kurve b′ in Abb. 63 ausgedrückte Beobachtung. Hier sind nämlich die Koerzitivfeldstärken der vorher gemahlenen Pulver nach einer Anlaßbehandlung aufgetragen. Dabei wurde darauf geachtet, daß kein oder höchstens nur ein vernachlässigbares Kristallwachstum auftrat. Die drastische Erhöhung der Koerzitivfeldstärke wird dem Ausheilen der Gitterfehler zugeschrieben.

Beim Mahlen von Pulvern, deren Reaktionsglühung bis zur vollständigen Ausbildung der Magnetoplumbitphase geführt wurde und bei der sogar die gebildeten

Kristalle zunächst noch Gelegenheit zum Wachsen hatten, dient das Mahlen primär zum Erzeugen der jeweils gewünschten Korngrößenverteilung und daneben in zweiter Linie erst zum Herstellen der benötigten Sinteraktivität. Der Zusammenhang zwischen der Koerzitivfeldstärke und der Mahldauer ist für ein typisches derartiges Pulver in Abb. 63 durch die Kurve a dargestellt. Nach der Reaktionsglühung besteht das Pulver überwiegend aus verhältnismäßig großen Kristallen. Das Pulver hat daher eine nur geringe Koerzitivfeldstärke, da in diesen großen Kristallen genügend Gitterfehler vorhanden sind, die die Bildung von Ummagnetisierungskeimen

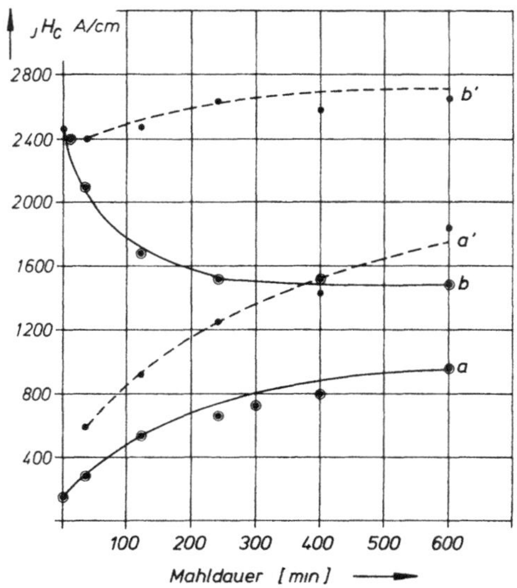

Abb. 63. Die Mahldauerabhängigkeit der Koerzitivfeldstärke vor und nach Anlaßbehandlungen [43]

und damit die Bildung von Blochwänden und einer Mehrbereichskonfiguration gestatten. Beim Mahlen dieses Pulvers überwiegt der Kornzerkleinerungseffekt, die Koerzitivfeldstärke dieses Pulvers steigt daher an. Eine Anlaßbehandlung führt auch hier zum Ausheilen der Gitterfehler (Kurve a' in Abb. 63), wobei die relative Größe dieses Ausheileffektes durch einen Vergleich der Änderung der Koerzitivfeldstärke als Folge der Anlaßbehandlung abgeschätzt werden kann.

Die beiden hier betrachteten Kurven für die Mahldauerabhängigkeit der Koerzitivfeldstärke deuten übrigens für lange Mahldauern eine Annäherung der Pulvereigenschaften an. Dieser Tatbestand liegt der früher bereits erwähnten Möglichkeit zugrunde, durch das Mahlen bis zu einem gewissen Grade die Wirkungen früherer Verarbeitungsschritte kompensieren zu können.

Beim Mahlen können auch noch Zusätze eingeführt werden, für die das Mahlen als Zerkleinerungs- und Homogenisierungsprozeß dient.

Beim Mahlen von Pulvern für isotrope Magnete können auch beim Mahlen bereits Granulierhilfsmittel zugesetzt werden, die bei dem späteren Vorbereiten der Pulver zur weiteren Verarbeitung benötigt werden. Da diese organischen Zusätze jedoch die Viskosität der wäßrigen Suspension erhöhen, beeinträchtigen sie die Mahlwirkung. Sie werden deshalb meist erst im letzten Stadium des Mahlens hinzugefügt.

Die Möglichkeit, die Mahlwirkung durch Messen der Koerzitivfeldstärke der Pulver verfolgen und mit verhältnismäßig einfachen Mittels sogar analysieren zu können, ist ein angenehmer Vorteil, der diesen magnetischen Werkstoffen gegenüber anderen oxidkeramischen Materialien zugute kommt. Sie erleichtert das Verständnis des Mahlvorganges und, betrachtet man sie im Zusammenhang mit den späteren Verarbeitungsschritten, auch der Vorgänge, die beim Pressen und Sintern ablaufen.

Zum Mahlen werden alle in der keramischen Industrie für diesen Zweck bekannten Maschinen benutzt. Am häufigsten wurde zunächst von rotierenden Kugelmühlen ausgegangen, später wurden verschiedene Typen an Schwingmühlen vorzugsweise benutzt, bis kontinuierlich arbeitende Attritoren weitgehend Anwendung fanden. Wahrscheinlich lassen sich mit allen genannten Geräten bei geeigneter Prozeßführung günstige Mahlergebnisse erzielen. Vielleicht sind die reibenden Bewegungen, wie sie in Attritoren bevorzugt auftreten, etwas günstiger und gestatten ein gewünschtes Mahlergebnis schneller und genauer zu erhalten. Als Mahlkörper werden möglichst niedrig legierte Stahlteile benutzt, die Mühlenauskleidung ist ebenfalls Stahl. Selbstverständlich wird durch den Mahlkörperabrieb etwas Eisen in das Mahlgut eingebracht, doch reagiert dies mit dem im Überschuß vorhandenen Schwermetalloxid im anschließenden Brand.

Beim Mahlen von Pulvern, die für die Verarbeitung in kunststoffgebundenen Magneten vorgesehen sind, ist die Benutzung eines Kollerganges oder eines ähnlich wirkenden Zerkleinerungsaggregates günstig. Offenbar gelingt es mit einem solchen Gerät am besten, den gewünschten Zerkleinerungseffekt zu erzielen, ohne daß gleichzeitig eine größere Menge Gitterfehler erzeugt wird.

4.1.5 Vorbereiten der Pulver zur weiteren Verarbeitung

Nach dem Mahlen können im allgemeinen nur die Pulver, die für die Fertigung anisotroper Magnete mit dem sogenannten „Naßpressen" hergestellt werden, unmittelbar weiterverarbeitet werden. Allenfalls muß der Wassergehalt der Suspension noch etwas verändert werden, da der optimale Wassergehalt für das Mahlen und für das Naßpressen im Magnetfeld meist nicht übereinstimmen; dabei liegt der günstigste Wassergehalt für das Naßpressen niedriger als für das Mahlen. Das Entfernen des überschüssigen Wassers geschieht am einfachsten durch Abdekantieren. Die Schlempe muß dann vor dem Verarbeiten lediglich gut aufgerührt werden und während des ganzen Prozesses ständig in Bewegung bleiben, um das Absedimentieren der größeren Partikel und damit verbundene Entmischungen zu vermeiden.

Pulvern, die für die Herstellung isotroper Ferrite vorgesehen sind, muß nach dem Naßmahlen zunächst das Wasser entzogen werden. Dies geschieht meist mit Sprühtrocknern, wobei die benötigten Bindemittel und die für das spätere Pressen oft vorteilhaften Gleitmittel der wäßrigen Suspension bereits beim Mahlen zugesetzt worden sind, wie im vorigen Abschnitt erwähnt. Für kleinere Chargen kann natürlich das Wasser auch abfiltriert werden und anschließend durch Sieben oder jede andere Granulationsmethode eine gute Rieselfähigkeit des Pulvers geschaffen werden. Die gleichen Granulationsmethoden werden auch nach einer Trockenmahlung verwendet, wobei die Granulations- und Preßhilfsmittel in das Pulver eingerührt werden müssen.

Die oben erwähnte Sprühtrocknung ergibt zwar rieselfähige, feine Pulver mit recht homogener Granulatgrößenverteilung, besonders beim Benutzen des Schleuderradprinzips beim Sprühtrocknen, doch handelt es sich dabei immer um Hohlkugeln. Dies hat zur Folge, daß die Schüttdichte derartig sprühgetrockneter Pulver nur bei etwa 1,0–1,2 g/cm^3 liegt. Die Füllhöhe in einer Presse, in der aus diesem Pulver die Magnetkörper geformt werden, ist daher verhältnismäßig hoch, entsprechend lang sind die Wege, die die Stempel auch bei schwebender Matrize zurücklegen müssen. Dies begrenzt die Arbeitsgeschwindigkeit von Preßautomaten. Es konnte gezeigt werden, daß sich mit mechanisch granulierten Pulvern, die eine Schüttdichte von etwa 1,5 g/cm^3 aufweisen, unter gleichen Bedingungen eine 1,5fach höhere Arbeitsgeschwindigkeit erzielen läßt. Ob sich damit allerdings die höheren Kosten der mechanischen Verfahren zum Herstellen rieselfähiger Pulver kompensieren lassen, kann noch nicht endgültig beurteilt werden.

Das Vorbereiten der Pulver, aus denen anisotrope Magnete im sogenannten „Trockenpreßverfahren" hergestellt werden sollen, ist am schwierigsten. Von solchen Pulvern werden ja auch widersprüchliche Eigenschaften verlangt: Die Pulverpartikel dürfen nicht aneinander haften, sie sollen im Gegenteil einzeln möglichst frei beweglich den Richtkräften des magnetischen Feldes folgen können; sie sollen jedoch auch möglichst gleichmäßig nach Menge und Verteilung in das Preßhohl rieseln und anschließend beim Pressen möglichst wenig innere Reibung aufweisen. Die erste Anforderung wird durch ein reines und völlig trockenes Pulver erfüllt, dessen einzelne Partikel aus jeweils einem einzigen Magnetoplumbiteinkriställchen bestehen. Eine Rieselfähigkeit ließe sich dagegen nur durch Agglomerationen erzeugen, eine Herabsetzung der Reibung erfordert das Einführen eines Gleitmittels, das im allgemeinen zum Verkleben der Teilchen führt.

Je nach Qualitätsanforderungen an die danach herzustellenden Magneten wird ein Kompromiß für jeden einzelnen Fall gefunden werden müssen. Günstigste magnetische Werte sind mit einem völlig trockenen und gleitmittelfreien Pulver zu erzielen. Auf die Schwierigkeiten der Vermeidung einer Agglomeratbildung bei naßgemahlenen Pulvern durch das sich beim Trocknen bildende Bariumkarbonat ist bereits hingewiesen worden (Abschnitt 4.1.1).

Wie bereits erwähnt, ist das Hauptinstrument für diesen Verfahrensabschnitt der Sprühtrockner. Dabei handelt es sich um recht voluminöse Aggregate. Ein solches Gerät ist in Abb. 64 wiedergegeben.

Pulver, die für die Verarbeitung zu kunststoffgebundenen Magneten bestimmt sind, müssen mit geeigneten Kunststoffmischungen innig vermengt werden. Dabei ist die richtige Auswahl der Bestandteile des Kunststoffanteils für die mechanischen Eigenschaften der Magnete entscheidend. Da sie wesentlich durch die zur Verfügung stehenden Arbeitsaggregate mitbestimmt wird, müssen sie meist von Fall zu Fall festgelegt und im allgemeinen erprobt werden. Dies ist besonders kritisch bei der Herstellung anisotroper kunststoffgebundener Magnete, da hier auch noch die Viskosität der Kunststoffmischungen unter den für die Ausrichtung gewählten Bedingungen für die magnetischen Eigenschaften entscheidend ist.

Von der Seite der keramischen Pulver ist deren Benetzungsfähigkeit für Kunststoffe, neben der Korngrößenverteilung, zu beachten. Zu dieser Problematik liegen zwar bei einzelnen Herstellern sicher vielfältige Erfahrungen vor, doch wurde über sie bisher nur sporadisch berichtet, so daß allgemeingültige Aussagen nicht gemacht werden können.

Es ist schon öfter vorgeschlagen worden, insbesondere für die Herstellung anisotroper Magnete, dem kalzinierten und gemahlenen Pulver Bruchstücke geeigneter Größe aus bereits hochgebrannten Magneten zuzusetzen. Für die Herstellung ani-

Abb. 64. Sprühtrockner in einer Ferritfertigung (Werkphoto der Fa. Dorst-Keramikmaschinen-Bau)

sotroper Magnete kommt natürlich nur Magnetschrott von ebenfalls anisotropen Magneten hierfür in Frage. In der Fertigung gesinterter Magnete werden derartige Zusätze lediglich zur Wiederverwendung von Magnetschrott benutzt. In diesen Fällen wird der Schrott genauso weit zerkleinert wie das neu aufbereitete Material. Bis zu einem gewissen Grade kann durch die Benutzung derartiger Schrottzusätze auch das Sinterverhalten von Pulvern günstig beeinflußt werden.

Wird Magnetschrott oder werden sogar speziell für diesen Zweck gesinterte Magnete mit guter Textur gebrochen und nur soweit zerkleinert, daß noch keine wesentlichen Beeinflussung der magnetischen Eigenschaften durch die beim Zerkleinern erzeugten Gitterfehler eintritt, so kann ein solches grobes Pulver durch erneutes Ausrichten im Magnetfeld wieder zu einem weitgehend anisotropen Magneten verarbeitet werden. In diesem Fall besteht das Vorbereiten des Pulvers zur weiteren Verarbeitung sogar noch aus einer Magnetfeldausrichtung, einer anschließenden Sinterung, einer genau kontrollierten Zerkleinerung des gewonnenen Sinterkörpers und aus dem Beimischen der für die Formgebung benötigten Kunststoffzusätze [69].

4.2 Formgebung

Die keramischen Dauermagnete werden fast nur durch Pressen aus dem Pulver hergestellt. Lediglich im kleineren Maße wird bei isotropen Qualitäten auch das Strangpressen angewendet. Das sonst noch in der Oxidkeramik verwendete Schlickergießen und das isostatische Pressen werden bei der Formgebung von keramischen Dauermagneten nicht benutzt. Das Pressen geschieht auf Tablettiermaschinen ähnlichen Geräten.

4.2.1 Isotrope Magnete

Am einfachsten sind die Verhältnisse beim Pressen isotroper Magnete. Der Ablauf eines Preßzyklus ist in Abb. 65 schematisch dargestellt. Aus dem Füllschuh rieselt das Pulver in das Preßhohl, dessen Seitenwände von der Matrize und dessen Boden durch die Oberfläche des Unterstempels gebildet wird. Nach Wegfahren des Füllschuhs wird das Pulver durch den Oberstempel verdichtet und anschließend der Preßling vom Unterstempel ausgestoßen. Bei der Bewegung des Füllschuhs über das Preßhohl wird der Preßling zugleich auf die Matrizenoberfläche geschoben. Das Pulver rieselt aus einem Vorratsbehälter in den Füllschuh nach. Bei kleineren Preßautomaten mit einem Einzelwerkzeug können auf diese Weise bis zu 50 Teile pro Minute hergestellt werden (mit Pulvern hoher Schüttdichte), auf Rundtischmaschinen bis zu 200 je Minute, also 100.000 Preßlinge pro Tag !

Die auf diese Weise herstellbaren Formkörper dürfen in Preßrichtung natürlich keine Hinterschneidungen haben. Auch beim Einpressen von Vertiefungen ist Vorsicht geboten, da unterhalb derartiger Einsenkungen andere Verdichtungsverhältnisse vorliegen. Die Pulverdichte im Preßling ist dann nicht mehr konstant, infolgedessen schwinden die einzelnen Bereiche eines solchen Preßlings beim anschließenden Brand unterschiedlich. Dies führt zu Spannungen, die ihrerseits zu Rißbildungen führen können.

Die Abmessungen senkrecht zur Preßrichtung werden nur durch die Notwendigkeit einer gleichmäßigen Füllung des Preßhohls und dem Erzielen eines ausreichenden Preßdruckes bestimmt.

Der zu wählende Preßdruck stellt stets einen Kompromiß dar: Vom Standpunkt der anschließenden Sinterung, d. h. der Umwandlung des geformten Pulverhaufwerkes in einen polykristallinen Festkörper, sollte die Vorverdichtung so groß wie möglich, d. h. also der Preßdruck so hoch wie möglich sein. Eine hohe Vorverdichtung ergibt eine große Anzahl Berührungsstellen der Pulverpartikel untereinander. Außerdem kann generell gesagt werden, daß jede durch mechanische Mittel erreichte Vorverdichtung die durch Festkörperreaktionen insbesondere durch Diffusion später zu vollziehende weitere Verdichtung insofern erleichtert, als der für diese Verdichtung benötigte Betrag an Kornwachstum geringer bleibt. Je mehr also vorverdichtet wurde, umso weniger Verdichtung muß durch Kornwachstum erkauft werden.

Keramische Pulver sind jedoch (im Gegensatz zu einigen Metallpulvern) nicht durch plastische Verformung der einzelnen Pulverpartikel verdichtbar, allenfalls können die Teilchen keramischer Pulver bei der Formgebung noch zerbrochen werden. Die bei Zimmertemperatur durch Pressen erreichbaren Dichten sind daher meist auf etwa 50–60% der Reindichte beschränkt. Variationsmöglichkeiten sind dabei für die Raumerfüllung der Pulver in einem gewissen Maße durch die Wahl der Korngrößenverteilung gegeben, wobei man von der Vorstellung ausgehen kann, daß die Lücken zwischen größeren Pulverteilen durch kleinere ausgefüllt werden.

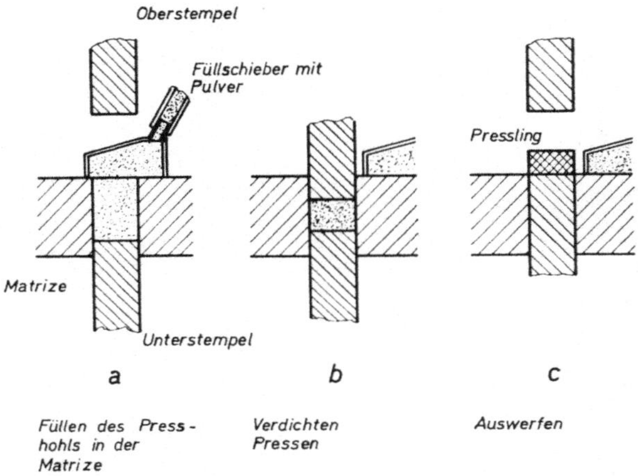

Abb. 65. Schematische Darstellung des Preßzyklus beim Pressen isotroper Magnete

Diese Betrachtungen müssen natürlich noch durch die Bedingungen der Rieselfähigkeit, die für die gleichmäßige Füllung des Preßhohls notwendig ist, ergänzt werden. Dazu muß das Pulver, wie oben schon erwähnt, granuliert werden. Als Granulierhilfsmittel wird meist Polyvinylalkohol benutzt, dem noch wasserlösliche Wachse als Gleitmittel zugesetzt werden. Dadurch läßt sich einmal ein gut lagerfähiges und zu handhabendes Pulver mit ausreichender Stabilität erzielen, durch die Gleitmittel wird die Wandreibung und die innere Reibung beim Pressen herabgesetzt, was einer gleichmäßigen Dichte im Preßling zugute kommt.

Trotzdem kann der Druck beim Pressen nicht beliebig gesteigert werden, da durch Fließvorgänge während der Pulververdichtung Zonen im Preßling entstehen, die geringere Festigkeiten aufweisen und längs deren bei der Entlastung des Preßlings und dem anschließenden Entformen Risse entstehen. Das Auftreten dieser sogenannten Preßkegel begrenzt die möglichen Preßdrucke nach oben und damit auch die erreichbaren Preßlingsdichten. In der Praxis liegen die verwendeten Preßdrucke bei isotropen Ferritmagneten zwischen 60 und etwa 200 MN/m^2. Dies bedeutet, daß auf einer 1 MN-Presse Magnete mit einer Gesamtfläche von 50–120 cm^2 Fläche je Hub hergestellt werden können.

Die Höhe der herzustellenden Preßlinge, d. h. ihre Abmessung in Preßrichtung, wird im wesentlichen durch die innere Reibung des Pulvers und der Reibung zwischen Matrizenwand und dem Pulver begrenzt. Bewegen sich Unter- und Oberstempel aufeinander zu, so bleibt die mittlere Pulverlage relativ zur Matrizenwand in Ruhe, Ober- und Unterstempel legen den gleichen Weg zurück. Dies ist im allgemeinen der Fall kleinstmöglicher Reibung. Diese mittlere, in Ruhe gebliebene Pulverzone nennt man die neutrale Zone des Preßlings.

Da die darüber und die darunter befindlichen Pulverschichten beim Verdichtungsvorgang bewegt worden sind, ist in diesen Gebieten im Preßling die Dichte meist höher als in der neutralen Zone. Diese Gebiete schwinden daher beim späteren keramischen Brand weniger als die Volumenanteile in der Nähe der neutralen

Abb. 66. Presse zum Herstellen isotroper keramischer Magnete (Werkphoto der Fa. Dorst-Keramikmaschinen-Bau)

Zone. Derartige Preßlinge zeigen daher im gebrannten Zustand eine leichte Einschnürung, weichen also von der ursprünglich zylindrischen Form ab.

Bleibt beim Preßvorgang einer der Stempel stehen, so wird das gesamte Pulver auf die Oberfläche dieses Stempels zu bewegt. Die neutrale Zone liegt dann an dieser Preßlingsoberfläche. Beim Sintern nehmen derartige Preßlinge leicht konische Gestalt an.

Durch unterschiedliche Wahl der Relativbewegungen der beiden Stempel zueinander läßt sich die neutrale Zone zwischen diesen beiden Stellungen verschieben.

Bewegt sich der Unterstempel beim Pressen sogar etwas in der gleichen Richtung wie der Oberstempel, so enthält der Preßling selbst keine neutrale Zone. In diesem Fall spricht man davon, die neutrale Zone „außerhalb des Preßlings gelegt zu haben".

Die Ausnutzung dieser preßtechnischen Möglichkeiten gestattet es, die durch den Preßvorgang bedingten Dichteunterschiede verhältnismäßig klein zu halten. Damit bleiben auch die dadurch bedingten Schwindungsunterschiede und die hierdurch verursachten Formabweichungen klein. Außerdem kann durch Beeinflussung der inneren Reibung des Pulvers die Größe der Dichteunterschiede im Preßling beeinflußt werden.

Pressen, die sämtliche oben erwähnten Variationsmöglichkeiten bieten, werden von der einschlägigen Industrie angeboten. Abb. 66 zeigt ein Beispiel.

Die Werkzeuge für das Pressen isotroper Magnete werden aus Hartmetall angefertigt, da sonst durch die Härte des Magnetpulvers der Abrieb und damit der Verschleiß der Werkzeuge zu groß wäre. Lediglich für die Herstellung von Mustern, also für sehr begrenzte Stückzahlen, können Werkzeuge aus gehärteten Stählen benutzt werden.

4.2.2 Anisotrope Magnete

Bei der Herstellung von Magneten mit magnetischer Vorzugslage wird das Pulver vor dem Verdichten der Wirkung eines Magnetfeldes ausgesetzt. Dabei sollen sich möglichst viele Kriställchen unter der Wirkung dieses Feldes ausrichten können.

Nimmt man einmal an, daß die Partikel eines solchen Pulvers aus lauter kleinen Magnetoplumbiteinkristallen bestehen, die z. B. durch Schweben in wäßriger Suspension frei beweglich sind, so sollte man erwarten, daß der günstigste Ausrichteeffekt in einem homogenen Magnetfeld erzielt werden kann. In einem homogenen Magnetfeld erfahren magnetische Dipole keine translatorischen Kräfte, sondern nur ein Drehmoment [Gl. (6a)]. Bringt man jedoch eine Suspension solcher Teilchen in ein homogenes Magnetfeld dadurch, daß man z. B. eine Kuvette mit einer solchen Suspension zwischen den ebenen Polschuhen eines Elektromagneten anordnet, so beobachtet man beim Einschalten des Magnetfeldes stets, daß sich die Teilchen zu Fäden ordnen, sich also nicht nur an ihrem Ort drehen, sondern auch translatorische Kräfte erfahren. Wahrscheinlich ist diese Anordnung der Teilchen eine Folge ihrer Wechselwirkung untereinander. Dies zusammen mit der mechanischen Durchmischung, die beim Zusammenpressen einer derartigen Pulveranordnung entsteht, ist wahrscheinlich die Ursache dafür, daß in der Fertigung von solchen Magneten die Homogenitätsanforderungen an die Ausrichtefelder nicht sehr groß sind. Starke Inhomogenitäten, wie sie z. B. an den Kanten der Preßstempel, die ja in diesem Fall meist gleichzeitig die Polschuhe bilden, auftreten, vermeidet man allerdings tunlichst durch unmagnetische Auflagen.

Die beim Ausrichten auf die Teilchen wirkende Drehmomente sind der schematischen Darstellung in Abb. 29 zu entnehmen. Man erkennt, daß dabei drei Einflußgrößen zusammenwirken: Die Kristallanisotropiedichte K', die Magnetisierung

J_S, das äußere Magnetfeld H. Das auf das Teilchen wirkende Drehmoment ist günstigstenfalls, d. h. bei $\alpha = 90°$, nach Gl. (6a) und (37)

$$M = -H J_S \; V \cos \varphi = -K' V \sin 2 \varphi.$$

Dieses Drehmoment ist also proportional zum Volumen der Teilchen V und damit proportional der 3. Potenz einer repräsentativen Teilchenabmessung. Der Drehung des Teilchens wirken die Reibungskräfte entgegen. Sie können, besonders in wäßriger Suspension, als oberflächenproportional betrachtet werden, d. h. proportional zum Quadrat der repräsentativen Teilchenabmessung (Kugeldurchmesser oder Kantenlänge des Würfels). Setzt man für konstante Drehgeschwindigkeit der Teilchen das durch die Reibung bedingte Drehmoment zu dem durch das Magnetfeld hervorgerufenen ins Verhältnis, so ergibt sich ein mit dem Radius des Teilchens wachsender Ausrichteeffekt. Dies bedeutet, daß große Teilchen besser ausgerichtet werden als kleine. Die Richtigkeit dieser Annahme kann durch Aufnahme der Hystereskurven an orientierten Preßlingen bestätigt werden, wenn die Hystereskurven einmal parallel; zum anderen senkrecht zur Richtung des Magnetfeldes aufgenommen werden. Man findet stets für die natürlich sehr kleinen Entmagnetisierungskurven senkrecht zur Preßrichtung eine merklich höhere Magnetisierungskoerzitivfeldstärke als für diejenigen Kurven, bei denen das Meßfeld parallel zum Ausrichtefeld lag. Setzt man, was in erster Näherung sicher erlaubt ist, für den nicht orientierten Teil der Pulverpartikel homogene Richtungsverteilung voraus, so zeigt dies die erheblich höhere Koerzitivfeldstärke dieses nicht orientierten Anteils und bestätigt damit die behauptete kleinere mittlere Korngröße (nach den Ausführungen in Abschnitt 3.4 ist die Magnetisierungskoerzitivfeldstärke eines Kriställchens in einem isotropen Polykristall doppelt so hoch wie die am Polykristall gemessene). Allerdings darf aus dieser Überlegung und diesem Befund nicht der Schluß gezogen werden, ein Pulver, das nur aus gut ausrichtefähigen und groben Bestandteilen besteht, sei für diese Art Magnete vorzuziehen. Ein Preßling, aus einem solchen Pulver könnte nämlich nicht durch Sintern verdichtet werden, da diese groben Pulver keine ausreichende Sinteraktivität besitzen. Hierauf wird in dem Abschnitt über das Sintern (4.4) noch näher einzugehen sein.

4.2.2.1 Das Trockenpressen

Dem Pressen isotroper Magnete am ähnlichsten ist das Preßverfahren anisotroper Magnete, bei dem das Pulver trocken in das Preßhohl eingebracht wird. Man spart damit einmal den für das Abfiltrieren des Wassers notwendigen Aufwand, zum anderen die Zeit, die für das Herauspressen des Wassers eingeräumt werden muß. Dafür sind die Drucke, die aufzuwenden sind, um die Preßlinge ausreichend zu verdichten und für die Handhabung haltbar zu machen, erheblich höher als beim Naßpressen. Es werden daher bei gleicher Magnetfläche etwa 3 bis 4mal stärkere Maschinen benötigt.

Das gleichmäßige Einfüllen der sehr schlecht rieselnden Pulver gelang überhaupt erst in technisch befriedigender Weise nach der Erfindung des magnetischen Einsaugens des Pulvers in das Preßhohl [70]. Dazu wird, nachdem der Füllschuh über das noch vom Unterstempel gefüllten Preßhohl geführt worden ist, zunächst ein Magnetfeld erzeugt. Hierzu eignet sich am besten eine um den Unterstempel

Abb. 67. a) Presse für die Herstellung anisotroper Ferritmagnete nach dem Trockenpreßverfahren (Werkphoto der Fa. Dorst-Keramikmaschinen-Bau); b) Presse beim Schließen mit eingeschaltetem Feld (Werkphoto der Fa. Thyssen Edelstahlwerke AG, Magnetfabrik Dortmund)

herum angeordnete Spule. Da der andere Polschuh des in dieser Stellung wirksamen magnetischen Kreises, nämlich der Oberstempel, recht weit entfernt ist, ist dieses Magnetfeld ziemlich inhomogen, besonders in der Nähe des Unterstempels. Die in ihm wirkenden translatorischen Kräfte sind verhältnismäßig groß, so daß bei der Abwärtsbewegung des Unterstempels das darüber befindliche Pulver mitgezogen wird. Nach dem Abschalten des Magnetfeldes kann dann der Füllschuh zurückbewegt werden, wobei eine verhältnismäßig gut dosierte Pulvermenge im Preßhohl zurückbleibt.

Beim Absenken des oberen Polschuhes wird etwa bei Erreichen der Oberkante des Preßhohls das eigentliche Richtfeld eingeschaltet, das bis zur Verdichtung des Preßlings aufrechterhalten werden kann. Vor dem Ausstoß des Preßlings bzw. vor der Entnahme muß der Preßling wieder entmagnetisiert werden, wozu ein umgekehrt orientiertes Magnetfeld in der Größenordnung der Magnetisierungskoerzitivfeldstärke des Pulvers erzeugt werden muß.

Die entstehenden Preßlinge können noch von anhaftendem Staub mit Hilfe eines Wechselfeldes befreit werden.

Sie könne sofort zur Sinterung weitergeführt werden. Abb. 67 zeigt eine für das Trockenpressen im Magnetfeld eingerichtete Presse.

4.2.2.2 Das Naßpressen

Beim Naßpreßverfahren zum Herstellen anisotroper keramischer Magnete wird die wäßrige Suspension der Ferritpulver in das Preßhohl eingefüllt und nach Schließen des Preßhohls mit dem Oberstempel das magnetische Richtfeld angelegt. Mindestens einer der Stempel, meist der Oberstempel, ist mit einem Filter versehen und besitzt außerdem Kanäle zum Abführen des aus dem Preßling herausgedrückten Wassers. Manchmal wird auch durch eine Pumpe ein Unterdruck in diesen Absaugkanälen erzeugt. Der bei diesem Naßpressen benutzte Maximaldruck beträgt meist nur etwa 20 MN/m^2. Vor dem Öffnen des Preßhohls wird auch hier der Preßling entmagnetisiert [71]. Die im Naßpreßverfahren hergestellten Preßlinge müssen vor dem Sintern sorgfältig getrocknet werden, da sonst allein durch die Trockenschwindung Risse entstehen. Abb. 68 zeigt eine für das Naßpressen im Magnetfeld eingerichtete Presse. Neben den Spulen erkennt man die Filteranordnung zum Abführen des Wassers.

Die besten magnetischen Werte, die bisher überhaupt mit keramischen Dauermagneten erzielt worden sind, wurden an Teilen gefunden, die im Naßpreßverfahren hergestellt worden sind. Dies ist verständlich: Wird der Wassergehalt der Schlempe verhältnismäßig hoch gewählt, so ist der mittlere Abstand der Teilchen groß und sie können sich unter der Wirkung des ausrichtenden Magnetfeldes verhältnismäßig frei drehen. Ein solch erhöhter Wassergehalt erfordert natürlich eine längere Filterzeit, wirkt sich aber sonst nicht nachteilig auf die magnetischen Eigenschaften oder andere Aspekte der Fertigung aus. Die Wahl des Wassergehaltes gibt daher beim Naßpressen eine gewisse Freiheit in der Wahl zwischen magnetischen Eigenschaften und Arbeitsgeschwindigkeit. Dieser „Freiheitsgrad" steht beim Trockenpressen im Magnetfeld nicht zur Verfügung.

Ein Vergleich der beiden Möglichkeiten zur Herstellung anisotroper Preßlinge fällt also für den Fall, daß höchste magnetische Eigenschaften erzielt werden sollen, eindeutig zugunsten des Naßpressens aus. Bei mittleren Anforderungen an die magne-

Abb. 68. Presse für die Herstellung anisotroper keramischer Magnete nach dem Naßpreßverfahren. a) Vorderansicht, b) Rückansicht mit Injektionsvorrichtung für die Schlempe (Werkphoto der Fa. DEMAG-MEER Pulvermetall), c) Preßlingsentnahme (Werkphoto der Fa. Thyssen Edelstahlwerke AG, Magnetfabrik Dortmund)

tische Qualität der Produkte sind beide Methoden etwa gleichwertig, wobei Vor- und Nachteile der beiden Preßverfahren nur unterschiedlich verteilt sind: Beim Trockenpressen ist der für die Pulvervorbereitung zu treibende Aufwand erheblich höher (Trocknen nach Naßmahlung, Vermeiden von Agglomerationen, Auflockern vor dem Pressen nach längerem Stehen oder gar nach Transport des Pulvers). Kompensiert werden diese Nachteile durch die höhere Arbeitsgeschwindigkeit beim Pressen auf allerdings schwereren Maschinen. Beim Naßpressen kann die aus der Mühle anfallende Schlempe unmittelbar verwendet werden. Der damit gegebene Vorteil wird jedoch zum Teil durch die geringere Preßgeschwindigkeit kompensiert. Die benötigten Pressen sind bei gleicher Magnetfläche leichter, doch ist der für die Wasserführung nötige Aufwand höher.

Als Material für die Werkzeuge wird beim Trockenpressen meist Hartmetall benutzt, beim Naßpressen können es wegen der niedrigeren Drucke meist billigere unmagnetische Metalle sein.

4.3 Kunststoffgebundene Magnete

Bei den kunststoffgebundenen keramischen Dauermagneten ist die Formgebung der letzte Arbeitsgang vor dem Magnetisieren.

Die meisten im wesentlichen isotropen kunststoffgebundenen Magnete werden mit Strangpressen kontinuierlich hergestellt, allerdings entsteht hierbei zumindest in oberflächennahen Schichten eine gewisse Ausrichtung der Pulverpartikel, so daß ihre Ebenen parallel zur Strömungsrichtung liegen. Dies stört jedoch bei den meisten Anwendungen nicht. Die hierfür benutzten Maschinen sind aus der Verarbeitung thermoplastischer Kunststoffe an sich bekannt. Wegen des vom Standpunkt der Kunststoffe aus betrachtet verhältnismäßig hohen Füllstoffanteils, im allgemeinen 50–60% Volumenprozent oder um 90 Gewichtsprozent, ist die Kompressibilität der zu verarbeitenden Massen gering; es müssen deshalb Schnecken konstanten Querschnitts benutzt werden. Diese Schnecken werden auch oft wegen der verhältnismäßig hohen Härte der Magnetpulverpartikel aus Hartmetall oder Al_2O_3-Keramik hergestellt, um den Verschleiß der Schnecken in Grenzen zu halten.

Für Teile, die nicht im Strangpressen hergestellt werden können, wird das Spritzgußverfahren benutzt. Es lassen sich nach diesem Verfahren auch Teile recht komplizierter Gestalt herstellen, wobei die Isotropie bei großen Wandstärken recht gut ist, während bei kleinen Wandstärken Ausrichteeffekte eine größere Rolle spielen.

Es sind zahlreiche Versuche unternommen worden, eine Textur in kunststoffgebundenen Magneten durch Anlegen von Magnetfeldern dort zu erreichen, wo der Kunststoff noch im plastischen Zustand ist. Die damit allenfalls erzielbaren Ausrichteeffekte waren jedoch stets schwer reproduzierbar und klein.

Für die Herstellung anisotroper kunststoffgebundener Magnete werden daher überwiegend mechanische Einwirkungen unter Ausnutzung der Formanisotropie der Pulverpartikel benutzt. Hierzu werden die Massen gewalzt oder kalandriert bis herab zu Schichtdicken von weniger als 1 mm. Hierbei erweist sich je nach Thermoplastanteil und Pulverqualität ein Arbeiten mit nicht gleichlaufenden Walzen manchmal als vorteilhaft. Über den Grad der Friktionseinstellung, der zum

Erzielen optimaler Eigenschaften führt, liegen jedoch Informationen, die eine Verallgemeinerung gestatten, nicht vor. Durch Übereinanderschichten bereits gewalzter Teile und erneutes Walzen und Kalandrieren läßt sich die Ausrichtung oft noch weiter verbessern.

Durch dieses Walzen und/oder Kalandrieren werden recht großflächige Dauermagnetfolien gewonnen. Eine endgültige Formgebung erfolgt hier z. B. durch Beschneiden oder durch Ausstanzen.

Zur Verarbeitung der am Ende von Abschnitt 4.1.5 erwähnten groben Pulver, die aus anisotropen gesinterten Magneten gewonnen worden sind, werden sie mit Kunstharzen vermischt und im Magnetfeld verpreßt. Die Preßlinge werden anschließend bei mäßiger Temperatur von einigen 100°C ausgehärtet [69]. (Die Eigenschaften von Magneten, die nach dieser Methode hergestellt worden sind, sind unter dem Handelsnamen Prox 200 in Tab. 12 erwähnt.) Dieses Herstellungsverfahren bietet den Vorteil, Teile mit sehr günstigen Abmessungstoleranzen ohne Schleifbearbeitung herstellen zu können. Die Angaben in Tab. 12 zeigen, daß die magnetischen Werte zwischen denen isotroper und anisotroper gesinterter Magnete liegen.

4.4 Der keramische Brand und das Sintern

Im keramischen Brand wird das geformte Pulverhaufwerk zum polykristallinen Festkörper verdichtet. Hierbei tritt eine Volumenverkleinerung auf etwa 50% gegenüber dem Preßling ein, die im Falle der isotropen Qualitäten also mit einer linearen Schwindung in der Größenordnung von 17% verbunden ist.

Die treibende Kraft für diesen mit Sintern bezeichneten Umwandlungsprozeß ist die Oberflächenenergie des keramischen Pulvers, genaugenommen die Differenz zwischen der Summe aus Oberflächen- und Grenzflächenenergie im Pulver und der Korngrenzenenergie im fertig gesinterten Teil. Diese Energiedifferenz ist die treibende Kraft für die Diffusion, durch die die Umordnung des Gefüges erfolgt. Von den dabei wirkenden Kräften gewinnt man eine Vorstellung, wenn man bedenkt, daß bei 17% linearer Schwindung ein freies Ende eines einseitig festgehaltenen Preßlings von 100 mm Länge einen Weg von 17 mm zurücklegt. Für die Diffusion ist die Anwesenheit von Gitterfehlern wesentlich. Derartige Gitterfehler entstehen einmal durch thermische Anregung, zum anderen entstehen aus Versetzungen. die sich bei höherer Temperatur auflösen, ebenfalls Leerstellen, die die Diffusion ermöglichen. Diese aus Versetzungen entstehenden Leerstellen sind nicht im thermodynamischen Gleichgewicht mit ihrer Umgebung und können daher bei der den Verdichtungsprozeß bewirkenden Diffusion verbraucht werden. Gelingt es ihre Menge richtig zu dosieren, so kann das Kristallwachstum gerade beim Erreichen der gewünschten Verdichtung im wesentlichen beendet werden, nämlich dann, wenn die aus den Versetzungen stammenden Leerstellen beim Erreichen dieses Zustandes verbraucht sind. Auf diese Weise läßt sich ein zu weit gehendes Kristallwachstum (spontanes Kristallwachstum, exagerated grain growth) verhindern [66].

Unter diesem Gesichtspunkt wird die große Bedeutung, die dem Mahlprozeß im Rahmen der Fertigung oxidkeramischer Werkstoffe zukommt, voll verständlich.

Durch den Mahlprozeß werden entscheidende Parameter des Sintervorganges bereits festgelegt, nämlich durch die Korngröße und Korngrößenverteilung die treibende Kraft für das Sintern und über die Art und Dichte der Gitterfehler werden die Möglichkeiten zum Materialtransport durch Diffusion weitgehend vorbestimmt. Im Sinterprozeß selbst stehen dann noch die Maximaltemperatur und der Temperatur-Zeitverlauf als Variable zur Verfügung. Hierbei ist jedoch meist nur die Maximaltemperatur innerhalb gewisser Grenzen wirklich wählbar, während die Temperatur-Zeit-Kurve durch vielerlei andere Bedingungen in ihrer Wahlfreiheit begrenzt ist.

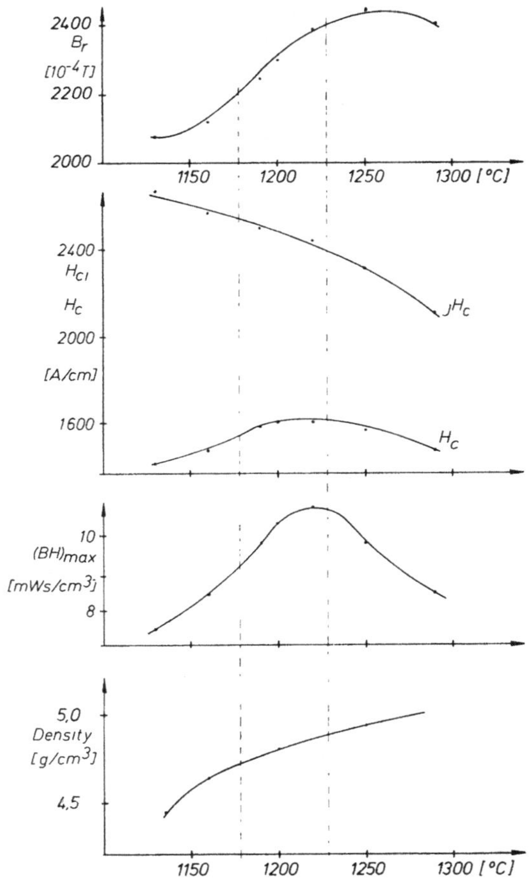

Abb. 69. Remanenz, Koerzitivfeldstärke, $(BH)_{max}$-Wert und Dichte isotroper Ferritmagnete als Funktion der Sintertemperatur [72]

Diese Einschränkungen in der Wahl der Temperatur-Zeit-Kurve sind besonders bei Tunnelöfen gravierend, da sie bei gegebener Ofengeometrie nur noch durch die Durchlaufgeschwindigkeit beeinflußt werden kann. Da die aber naturgemäß für den ganzen Tunnelofen konstant ist, wird sie sich nach der Stelle richten müssen, in der die Durchlaufgeschwindigkeit am langsamsten sein muß. Diese Stelle liegt meist nicht im Bereich der maximalen Temperatur, also nicht in dem für die Gefügeausbildung wichtigsten Bereich, sondern meist in der Aufheiz-, manchmal auch in der Abkühlzone, da hier die Temperaturgradienten oft erheblich steiler sind.

Derartige kritische Bereiche des Temperatur-Zeit-Verlaufs beim keramischen Brand sind natürlich bei Teilen großer Abmessungen viel wichtiger als bei kleinen Teilen. Hier übt also auch die Größe der zu brennenden Teile einen Einfluß auf die Wahl des Temperatur-Zeit-Verlaufs aus.

Etwas günstiger sind die Verhältnisse bei diskontinuierlichen Öfen mit Zwangsumwälzung der Heizgase. Durch richtige Wahl der Gasführung läßt sich eine sehr gleichmäßige Erwärmung der Teile erreichen, die Temperatur-Zeit-Kurve läßt sich bei einigermaßen gleichmäßigem Besatz auch den Erfordernissen der Abmessungen der zu sinternden Teile anpassen. Man kann z. B. bei Teilen großer Abmessung im unteren Temperaturbereich langsamer aufheizen als bei einem Besatz aus lauter kleinen Teilen, während man in dem für die Gefügeausbildung entscheidenden oberen Temperaturbereich, etwa für die letzten 100°C, die gleiche Temperatur-Zeit-Kurve benutzen kann.

Isotrope Magnetteile werden meist bei etwas niedrigeren Temperaturen gebrannt als anisotrope. Dies hängt natürlich mit der größeren Feinkörnigkeit der Pulver zusammen. Die Erhaltung der Feinkörnigkeit zwingt meist auch dazu, sich mit einer etwas geringeren Dichte bei den isotropen Werkstoffen zufrieden zu geben. Es gelingt nämlich bei diesen Werkstoffen nicht, die notwendige Feinkörnigkeit bis zum Erzielen der vollen Dichte aufrechtzuerhalten, d. h. ein überschießendes Kristallwachstum zu verhindern.

In Abb. 69 sind die wichtigsten magnetischen Kenngrößen und die Dichte eines isotropen Magnetwerkstoffes als Funktion der Sintertemperatur aufgetragen. Dabei sind die Diagramme so angeordnet, daß zur gleichen Temperatur gehörige Werte übereinanderstehen. Diese Darstellung gestattet die Zuordnung der magnetischen Eigenschaften zu den beim Sintern ablaufenden Vorgängen. Der steile Anstieg der Remanenz ist insofern unrealistisch, als er auf einer Texturverbesserung auf Grund einer Preßanisotropie beruht. Der Abfall der Magnetisierungskoerzitivfeldstärke spiegelt recht genau das Kristallwachstum wider. Der Verlauf der Induktionskoerzitivfeldstärke folgt zunächst der steigenden Remanenz, durch die die Entmagnetisierungskurve als Ganzes noch angehoben wird, während bei höheren Sintertemperaturen durch das stärkere Kristallwachstum immer mehr Ummagnetisierungsprozesse bereits bei verhältnismäßig kleinen entmagnetisierenden Feldstärken ablaufen. Die Krümmung der Entmagnetisierungskurve nimmt immer mehr zu, die Koerzitivfeldstärke damit ab.

Über den ganzen in Abb. 69 erfaßten Temperaturbereich nimmt die Dichte noch gleichmäßig zu. Ein Vergleich der Kurve für die Dichte mit den Kurven für Remanenz und Koerzitivfeldstärke zeigt aber, daß diese Dichtezunahme oberhalb einer Sintertemperatur von etwa 1200°C bereits mit einem Kristallwachstum verbunden ist, das die magnetischen Eigenschaften ungünstig beeinflußt.

In Analogie zu Abb. 69 zeigt Abb. 70 die entsprechenden Werte für anisotrope Magnete, die nach dem Naßpreßverfahren hergestellt worden sind. Bei der Koerzitivfeldstärke wurde nur ein Wert angegeben, da der Knick in der Entmagnetisierungskurve stets noch im 2. Quadranten lag und daher die Magnetisierungs- und die Induktionskoerzitivfeldstärken recht dicht beeinander lagen. Die getrennt gemessene magnetische Sättigung war übrigens bei diesen Proben praktisch konstant und zeigte nur noch eine Zunahme mit steigender Sintertemperatur von etwa 2,5%, also in derselben Größe, in der die Dichte in diesem Temperaturbereich noch zugenommen hat. Im Gegensatz dazu steigt die Remanenz im gleichen Temperaturintervall von 3700 auf 4200 · 10^4 T, d. h. um etwas über 12%. Die magnetischen Werte gestatten hier also die sogenannte „topotaktische" Reaktion zu verfolgen, bei der nämlich die gut ausgerichteten großen Pulverpartikel beim Sintern noch weiter wachsen auf Kosten der kleinen Partikel. Diese Erscheinung des Wachsens der großen Teilchen auf Kosten der Kleineren ist aus vielen Bereichen der Sintertechnik bekannt [3].

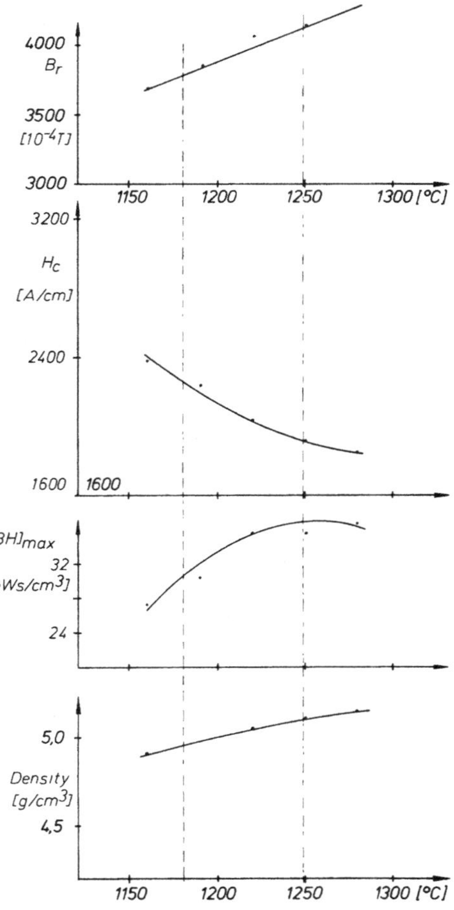

Abb. 70. Remanenz, Koerzitivfeldstärke, $(BH)_{max}$ -Wert und Dichte naß gepreßter anisotroper Ferritmagnete als Funktion der Sintertemperatur [72]

In diesem Fall ist er besonders günstig, da er die gewünschte Textur verstärkt. Dies ist auch bei hexagonalen Kristallstrukturen durchaus nicht überall der Fall [73]: Bei Al_2O_3-Keramik haben entsprechende Versuche nicht zu dem gewünschten Ergebnis geführt.

Nur dank dieser Texturverstärkung durch das Sintern ist überhaupt die Herstellung von keramischen Dauermagneten mit Eigenschaften, die denen der Einkristalle vergleichbar werden, möglich (s. Abschnitt 3.3). Diese Textur gestattet es auch vom Gesichtspunkt der Koerzitivfeldstärke aus, ein stärkeres Kristallwachstum in Kauf zu nehmen. Während, worauf früher schon mehrfach hingewiesen wurde (s. Abschnitt 3.4), beim isotropen Magneten nur die Hälfte der Koerzitivfeldstärke der einzelnen Kristallite zur Verfügung steht, kann bei einem hochgradig texturierten Magnetwerkstoff die mittlere Koerzitivfeldstärke der einzelnen Kristallite voll ausgenutzt werden. Aus den genannten Gründen ist es bei diesen anisotropen Magneten auch möglich, die Dichte bis über 97% an die theoretische Dichte (Einkristalldichte) heranzuführen.

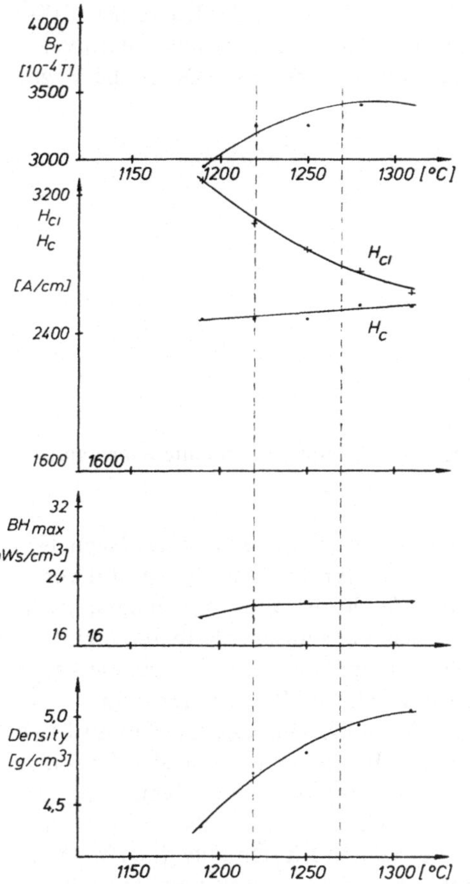

Abb. 71. Wie Abb. 70, jedoch mit Al_2O_3-Zusatz zum Bariumferrit [72]

Abb. 71 zeigt ein anderes Beispiel eines anisotropen keramischen Magnetmaterials, das jedoch im Gegensatz zu dem in Abb. 70 gezeigten Material durch einen Zusatz von Aluminiumoxid-Pulver neben etwa 1,5% Bleimonosilicat auf besonders große Koerzitivfeldstärke gezüchtet war. Diese Erhöhung der Koerzitivfeldstärke wird erkauft durch einen Verlust an Sättigungsmagnetisierung und damit an Remanenz: Ein Teil der eingeführten Aluminiumionen wird nämlich im Magnetoplumbitgitter auf den 12 k Oktaederplätzen eingebaut und bewirkt damit eine Erniedrigung des resultierenden magnetischen Momentes der Elementarzelle (s. Abschnitt 3.3).

Damit wächst aber das Anisotropiefeld $H_A = 2\,K/J_S$ und damit die Koerzitivfeldstärke (s. Abschnitt 1.7.5).

Aus dem Verlauf der Remanenz als Funktion der Sintertemperatur konnte auf die damit verbundene Gefügeänderung geschlossen werden. Dies läßt sich natürlich auch durch röntgenographische Texturmessungen verfolgen: Abb. 72 zeigt die Zunahme der Dichte der Basisebenenreflexe (008) auf der Lagekugel von magnetfeldorientierten Bariumferrit-Preßlingen nach dem Sintern bei verschiedenen Temperaturen [74]. Der Ordinatenwert ist dabei auf die Dichte 1 für die isotrope Probe normiert worden. Aus der fast horizontalen Tangente der Kurve bei 1100°C kann geschlossen werden, daß bei dieser Probe noch keine merkliche Texturverbesserung gegenüber dem ungebrannten Zustand eingetreten ist. Durch die Magnet-

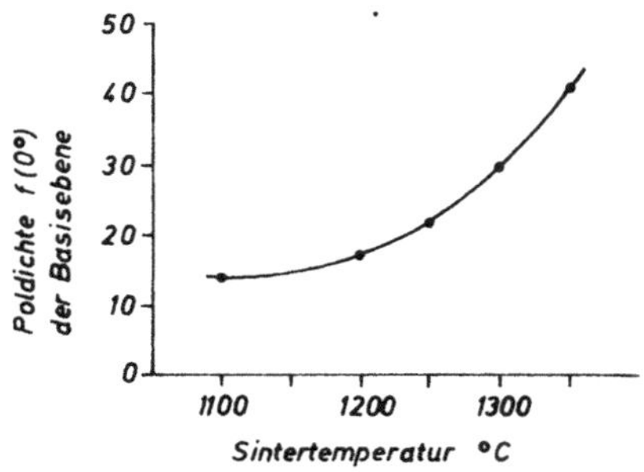

Abb. 72. Poldichte der (008)-Reflexe auf der Lagekugel als Funktion der Sintertemperatur eines magnetfeldorientierten Bariumferrits [74]

feldausrichtung allein wurden also 13 zu 1 Volumenteile oder 92% des Magnetmagerials ausgerichtet. Dieser Ausrichtegrad steigt für die Sintertemperatur von 1350°C auf etwa 40 zu 1 oder 97,5% an. Ein Vergleich dieses röntgenographisch ermittelten Texturgrades mit dem aus Remanenzmessungen ableitbaren ergibt gute Übereinstimmung. Aus den kleineren beobachteten Abweichungen kann auf gewisse Feinheiten der Gefügeausbildung geschlossen werden, z. B. die Porenform.

Die durch das Ausdrichten im Magnetfeld im Preßling erzeugte Textur bewirkt eine Anisotropie der Schwindung beim Sintern. Bei diesen hexagonalen Kristallen ist das Wachstum auf den einzelnen Gitterebenen unterschiedlich. Senkrecht zur hexagonalen Achse wachsen diese Kristalle schneller, so daß sie plättchenförmig werden. Schon dadurch ist die Schwindung eines texturierten Pulverhaufwerks mit [001] Fasertextur senkrecht zur hexagonalen Achse geringer als parallel zu ihr. Außerdem werden beim Sintern noch die weniger ausgerichteten kleineren Kristalle in die wachsenden größeren Kristallite eingebaut, wodurch die Anisotropie der Schwindung noch verstärkt wird. Dies hat zur Folge, daß derartige Magnete im keramischen Brand senkrecht zur Vorzugsrichtung nur etwa um 10–15% schwinden, während sie in Preßrichtung um 14–20% kleiner werden.

Es soll hier noch einmal zurückgekommen werden auf die Frage der Wirkungsweise der schon mehrfach erwähnten Zusätze. Dabei ist zu unterscheiden zwischen Zusätzen, die in das Magnetoplumbitgitter eingebracht werden, und solchen, die auf dem Weg über die Beeinflussung des Sinterprozesses indirekt auf die magnetischen Eigenschaften wirken.

Bei den Zusätzen, die in das Magnetoplumbitgitter aufgenommen werden, läßt sich die Wirkung an Hand der im Abschnitt 3.3 besprochenen Beziehungen zwischen den magnetischen Werten und dem Magnetoplumbitgitter verstehen. Man kann sie, wie die gerade oben erwähnte Substitution von unmagnetischen Al-Ionen, zum Verändern der Eigenschaftskombination dieser Magnete gezielt benutzen. Auch die früher erwähnten Versuche zur Änderung des Temperaturkoeffizienten der Magnetisierung sind Beispiele für derartige gezielte Eigenschaftsänderungen durch Eingriffe in das Magnetoplumbitgitter.

Bei den Zusätzen, die zwar das Sintern beeinflussen, aber doch als unmagneti-

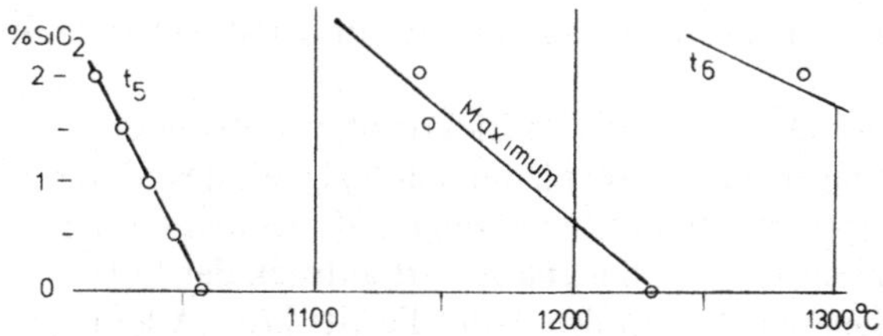

Abb. 73. Änderung der Temperaturabhängigkeit des Schwindungsverhaltens von Bariumferrit als Funktion der zugesetzten Kieselsäure. t_5 ist die Temperatur des Schwindungsbeginns, t_6 des Schwindungsendes [58]

sche Bestandteile im Gefüge des Magneten verbleiben, ist eine generalisierende Aussage erheblich schwieriger. Es wurden für diesen Zweck bereits sehr viele Substanzen erprobt. Für einen Großteil davon wurden auch günstige Ergebnisse berichtet, für die meisten jedoch zeigte es sich, daß ihre verbessernden Wirkungen nur bei Benutzung bestimmter Rohstoffe oder Rohstoffkombinationen auftraten oder sich nur unter speziellen Fertigungsbedingungen reproduzieren ließen. Allgemein durchgegesetzt hat sich wohl ein gewisser Kieselsäuregehalt, der meist schon in Höhe von 0,2–1,0% in dem benutzten Eisenoxid vorhanden ist [57]. Abb. 73 zeigt die Auswirkung von SiO_2-Zusätzen auf die Temperaturen, bei denen die Schwindung beginnt, ihr Maximum erreicht und zum Abschluß kommt. Der damit zum Ausdruck kommende Einfluß wird mit der Entstehung von Eisensilikat Fe_2SiO_4 in Zusammenhang gebracht, das bei 1205°C schmilzt.

Von der Theorie des Sinterprozesses her ist es zumindest als Arbeitshypothese nützlich, zwei Wirkungsweisen von Sinterhilfsmitteln zu unterscheiden: solche, deren Wirkung auf der vorübergehenden Bildung flüssiger Phasen beruht entweder dadurch, daß die Zusätze selber aufschmelzen oder dadurch, daß sie mit einem der übrigen Bestandteile eine niedrig schmelzende Verbindung bilden und solche, die nicht flüssig werden, sondern im wesentlichen erhalten bleiben, deren Wirkung also eher der eines Katalysators entspricht.

Bei den Sinterhilfsmitteln, die flüssig werden, ist die Vorstellung, daß diese Schmelzen die Pulverpartikel benetzen und dadurch einmal Diffusionsprozesse erleichtern und die Schwindung fördern und zum anderen nach dem Verfestigen als diffusionshemmende Korngrenzensubstanz das Kristallwachstum behindern. Dabei müssen sicher Lösungs- und Kristallisationsvorgänge angenommen werden, also kleinere Teile in dieser Schmelze in Lösung gehen und die entsprechenden Substanzmengen an größeren Körnern wieder ausgeschieden werden, da sonst das auch in diesen Fällen beobachtete Kristallwachstum und eine vollständige Verdichtung nicht verstanden werden könnten. Diese Art der Unterstützung des Sinterprozesses durch flüssige Phasen wurde z. B. für Bleisilikatzusätze bei Bleiferrit nachgewiesen [54].

Bei den Sinterhilfsmitteln, die selbst in den Temperaturbereich hinein, in dem sie ihre günstige Wirkung ausüben, erhalten bleiben, die also ähnlich wie ein Katalysator die Ferritbildung und auch den Verdichtungsprozeß beim Sintern beeinflussen, ist die Frage nach den dabei wirkenden Mechanismen schwieriger zu beantworten. In einem Fall konnte nachgewiesen werden, daß die sinterfördernde Wirkung im Temperaturbereich einer Phasenumwandlung des Zusatzstoffes besonders günstig war [75]. Dies deutet auf eine Wirkung durch Bildung von zusätzlichen Diffusionswegen hin.

Sofern das Sintern keramischer Dauermagnete in Elektroöfen stattfindet, erfolgt es stets in Luft. Untersuchungen zur Atmosphärenabhängigkeit des Sinterprozesses und der magnetischen Eigenschaften haben gezeigt, daß bei den für das Sintern infrage kommenden Temperaturen der Sauerstoffpartialdruck der Luft noch erheblich größer ist als der Sauerstoffdampfdruck des Ferrits [76]. Allerdings zeigen Proben, die lange Zeit bei Temperaturen oberhalb 1200°C gehalten worden sind, einen Anteil 2-wertigen Eisens, was auf einen gewissen Sauerstoffverlust schließen läßt. Beim Brennen in direkter Flamme oder unmittelbar in den Flammengasen muß natürlich darauf geachtet werden, daß stets noch ein ausreichender Sauerstoffüberschuß vorhanden ist. Wieweit sich der dabei stets anwesende Wasserdampf auf das Sintern auswirkt, ist nicht bekannt. Nach den entsprechenden Ausführungen im Abschnitt 4.1.3 ist damit zu rechnen, daß der Einfluß höchstens gering sein wird.

4.5 Die Benutzung vorfabrizierter Ferritpulver

In der keramischen Industrie zeichnet sich immer mehr der Trend zu immer größeren Aufbereitungsanlagen ab [77, 78]. Firmengruppen richten zentrale Aufbereitungen ein, die mehrere Werke versorgen, kleinere und mittlere Firmen finden sich zum Betrieb einer gemeinsamen Aufbereitung zusammen. Eine ähnliche Entwicklung gibt es auf dem Spezialgebiet der keramischen Dauermagnetwerkstoffe [72]. Dies hat gewiß den Vorteil, kleineren und mittleren Betrieben Investitionskosten zu sparen und gibt ihnen die Möglichkeit, preßfertige Pulver zu etwa den gleichen Preisen zu beziehen, die bei Großherstellern durch die Aufbereitungskosten anfallen. Es führt aber auch zu einer Reihe von Problemen, da das gleiche Pulver in recht unterschiedlich ausgestatteten Fertigungen benutzt werden muß. Alle Fertigungsschritte können daher niemals vollständig aufeinander abgestimmt und optimiert sein, vielmehr muß im Einzelfall stets der günstigste Kompromiß gefunden werden. Die in den Abb. 69,70 und 71 gezeigten Abhängigkeiten der magentischen Eigenschaften von der Sintertemperatur wurden an derartig vorfabrizierten Pulvern gewonnen. Sie waren speziell im Hinblick auf diese Art Anforderungen entwickelt worden: das verhältnismäßig große Sintertemperaturintervall, in dem Magnete mit kommerziell befriedigenden Eigenschaften erzielt werden können, gestattet eine recht weitgehende Anpassung an unterschiedliche Formgebungs- und Brennbedingungen.

4.6 Das Nachbearbeiten

Viele keramische Dauermagnete erfahren nach dem Brand keine weitere Nachbearbeitung. Dies gilt vor allen Dingen für Magnete, die ohne Eisenpolschuhe benutzt werden. Manchmal ist es nützlich und in vielen Fällen genügt es, auch diese Magnete zu scheuern, um beim Pressen entstandene vorgewölbte Kanten zu brechen

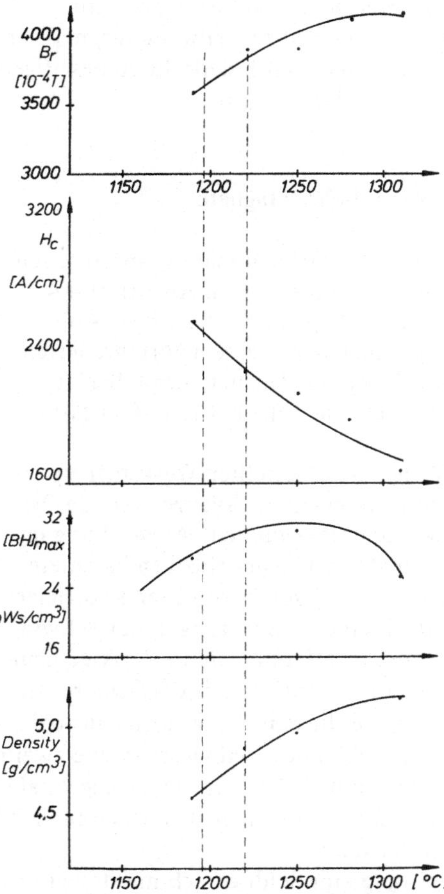

Abb. 74. Magnetische Eigenschaften und Dichte als Funktion der Sintertemperatur eines naßgepreßten Bariumferrites aus einem vorgefertigten Pulver [72]

und angesinterte Staubpartikel zu entfernen. Dazu werden die Teile in einen zylindrischen Topf gebracht, der meist mit Wasser aufgefüllt wird. Beim Drehen werden alle hervorstehenden Ecken und die Kanten abgetragen. Es ist dabei nur darauf zu achten, nicht zu große Teile alleine zu behandeln und die Behandlung nicht zu lange auszudehnen, um zu starken Materialabtrag zu vermeiden.

Werden die keramischen Dauermagnete in einen magnetischen Kreis mit Eisenpolschuhen eingebaut, so empfiehlt es sich meist, die Magnetflächen, durch die der magnetische Fluß in das Eisen eintreten soll, zu schleifen; dadurch werden zusätzliche Luftspalte vermieden, die einen Teil der zur Verfügung stehenden magnetischen Energie aufnehmen und damit dem Arbeitsluftspalt entziehen würden. Sofern dieses Schleifen auf Flachschleifmaschinen geschieht, können die Magnete auf Magnetspannfuttern festgehalten werden. Natürlich läßt sich durch dieses Schleifen zugleich auch die Magnetabmessung in Feldrichtung mit enger Toleranz einstellen. Für das Schleifen werden Diamantscheiben benutzt, da nur beim Diamant der Härteunterschied zu dem Ferrit für ein wirtschaftliches Schleifen ausreichend ist und die Erwärmung des Magneten und der Scheibe genügend begrenzt bleibt.

Nach dem Schleifen werden die durch das Magnetfutter teilweise magnetisierten Magnete meist entmagnetisiert, da sonst der Schleifstaub schlecht zu beseitigen ist. Für eine Feinreinigung haben sich Ultraschallbäder bewährt.

4.7 Die Fertigungsüberwachung, das Prüfen keramischer Magnete

Zur Fertigungsüberwachung sollen hier nur die wirklich materialspezifischen Probleme erwähnt werden. Dazu kann am besten auf die drei im Abschnitt 4.4 gezeigten Abb. 69, 70 und 71 hingewiesen werden. Ergänzend dazu zeigt Abb. 74 noch die entsprechenden Zusammenhänge für Magnete aus einem vorfabrizierten Ferritpulver, das mit dem Ziel entwickelt wurde, daraus Magnete herstellen zu können, die gleichzeitig eine hohe Remanenz und eine hohe Koerzitivfeldstärke aufweisen.

Es empfiehlt sich, für jeden in einer Fertigung hergestellten Werkstofftyp diesen Kurvensatz vor dem Produktionsbeginn aufzustellen. Solange dann das benutzte Magnetpulver seine Eigenschaften nicht ändert, kann jede Abweichung im Formgebungs- oder Sinterprozeß an sich durch Messung eines einzigen Parameters, z. B. der Dichte oder der Koerzitivfeldstärke, erkannt und entsprechend korrigiert werden. Da sich eine Veränderung der Dichte als eine Abweichung in der Schwindung und damit als Abmessungsabweichung auswirkt, kann man die Aussage mancher Fertigungsleiter, sie könnten magnetische Eigenschaften mit der Schieblehre messen, nicht ganz ablehnen. Es empfiehlt sich allerdings meist, es nicht nur bei einer Meßgröße bewenden zu lassen, sondern daneben noch mindestens eine zweite Größe zu bestimmen. In Großserienfertigungen empfiehlt es sich sicher, regelmäßig Entmagnetisierungskurven von Fertigungsproben aufzunehmen, aus denen praktisch die ganze Werkstoffgeschichte abgelesen werden kann.

Bei einer Fertigung mit eigener Aufbereitung empfiehlt es sich meist, zwischen Aufbereitung und Formgebung eine Kontrolle der Pulver vorzunehmen. Diese Kontrolle sollte mindestens zwei charakteristische Größen des Pulvers erfassen, wenn man nicht gar aus dem Pulver unter Standardbedingungen Prüfkörper pressen und sintern will, an denen dann die Hysteresekurve aufzunehmen ist. Einer der beiden am Pulver zu messenden Parameter sollte eine Aussage über die Korngröße gestatten, ein anderer sollte mindestens einen magnetischen Parameter wiedergeben. Als Korngrößenrepräsentativ kann eine der üblichen Oberflächenbestimmungsmethoden benutzt werden; in dem hier in Frage kommenden Korngrößenbereich verhältnismäßig einfach zugänglich und sehr informativ ist auch eine Sedimentationsanalyse. Als magnetische Pulverkenngröße ist die Koerzitivfeldstärke sehr aussagefähig, besonders, wenn man nach einer ersten Koerzitivfeldstärkemessung das Pulver kurz bei etwa 900°C anläßt und anschließend nochmal bei Zimmertemperatur die Koerzitivfeldstärke mißt. Wie früher gezeigt wurde, ist die Differenz dieser Koerzitivfeldstärken zwar ein relatives, aber gutes Maß für die in dem Pulver vorhandenen Gitterfehler.

Für die Eingangskontrolle der Rohstoffe kommen neben chemischen Überwachungsmethoden ebenfalls alle Korngrößenbestimmungsverfahren in Frage. Bei großen Rohstoffchargen lohnt sich sicher eine standardisierte Laboraufbereitung mit anschließender standardisierter Probekörperherstellung und Sinterung, die mit der oben bereits erwähnten natürlich übereinstimmen kann.

Abb. 75. Polanordnung, sichtbar gemacht durch Eisenfeilspäne

Diese Prüfungen und Fertigungsüberwachungen gestatten bei Benutzung der in den übrigen Kapiteln beschriebenen Kenntnisse Abweichungen vom normalen Werkstoffverhalten frühzeitig zu erkennen, so daß ihre Ursachen gesucht und die richtigen Korrekturen eingeleitet werden können.

Die Endkontrolle keramischer Dauermagnete wird meistens mit Hilfe statistischer Methoden durchgeführt werden können, da Magnete dieser Werkstoffgruppe kaum mit Zuverlässigkeiten von mehr als 10^{-4} verlangt werden. Wird eine Einzelstückprüfung ausnahmsweise einmal verlangt, so ist sie wegen der recht großen benötigten Magnetisierungsfeldstärke meist ziemlich aufwendig. Es empfiehlt sich dann, das Aufmagnetisieren durch einen Stromimpuls, z. B. über Kondensatorentladungen, herbeizuführen und entweder das Streufeld des magnetisierten Magneten zu messen oder das in einem simulierten Arbeitsluftspalt zur Verfügung stehende Feld zu bestimmen.

4.8 Das Magnetisieren

Wegen der hohen Koerzitivfeldstärke werden zum Magnetisieren keramischer Dauermagnete recht hohe Magnetfelder in den Größenordnungen von 5000–12000 A/cm benötigt. Neben lamellierten Gleichstromjochen werden Kondensatorentladungen, für deren Steuerung Hochstromthyristoren zur Verfügung stehen, benutzt.

Das Magnetisieren mit kurzen Entladungsstößen gestattet auch das Aufbringen von komplizierten Magnetisierungsmustern auf ebenen Flächen. In Abb. 75 sind streifenförmige Magnetpolanordnungen mit Eisenfeilspänen sichtbar gemacht.

Beim Magnetisieren kunststoffgebundener Magnete in Streifenform, wie sie z. B. als Kühlschrankdichtungen in großen Mengen benutzt werden, geschieht dies im Anschluß an den Extruder durch eine wiederholte Folge von Kondensatorentladungen.

5. Anwendungen keramischer Magnete

Täglich werden auf der Welt ca. 100 t bzw. etwa 20 m^3 keramischer Magnete hergestellt. Bei einem mittleren Preis von DM 5.000,–/t oder DM 25.000,–/m^3 stellen sie einen Wert von DM 500.000,– dar. Bei Annahme eines mittleren $(BH)_{max}$-Wertes von 25 kJ/m^3 beträgt die damit permanent zu bindende magnetische Feldenergie 500 kJ $\approx$ 0,14 kWh, woraus sich übrigens ein Speicherpreis für 1 kWh magnetischer Feldenergie von DM 3,600.000,– ergibt. Ein Bleiakkumulator (Autobatterie) mit 40 Ah und 12 V, also 0,48 kWh, als Repräsentant elektrochemischer Energiespeicherung, ist erheblich billiger.

Ordnet man die 20 m^3 keramisches Magnetmaterial so an, daß sie 5 m^2 Fläche und 4 m Dicke hätten, so würde ein solcher Magnet (ohne Eisenpolschuhe) nahe seinem $(BH)_{max}$-Wert sein. Die Magnetisierung wäre dann etwa 180 mVs/m^2 und damit die Anziehungskraft nach Gl. (32) $P \approx 0{,}5 \cdot 10^6$ N = 50 t.

Auf die einzelnen Anwendungen keramischer Magnete soll hier nur insofern eingegangen werden, als es zum Verständnis der unterschiedlichen Werkstoffanforderungen und der daraus resultierenden unterschiedlichen Werkstoffqualitäten erforderlich ist. Für eine nähere Information sei auf andere Publikationen verwiesen [79, 80], insbesondere auf [12]. Bei Beachtung dieser Beschränkung können die Anwendungen keramischer Magnete in die folgenden drei Gruppen unterteilt werden:

1. Anwendungen isotroper keramischer Magnete,
2. Keramische Magnete zum Erzeugen zeitlich konstanter Magnetfelder,
3. Magnete zum Erzeugen zeitlich veränderlicher Felder.

Natürlich können auch isotrope Magnete entweder in magnetischen Kreisen mit zeitlich konstanten oder in Kreisen mit veränderlichen Feldern benutzt werden. Doch einmal sind die Möglichkeiten zur Eigenschaftsvariation bei den isotropen Magneten gering; dies gilt besonders für die gesinterten Qualitäten, was bereits in Abb. 50 zum Ausdruck kam. Bei den kunststoffgebundenen isotropen Magneten hat außer den magnetischen Eigenschaften auch die Flexibilität für viele Anwendungen Bedeutung; bei diesen isotropen Magneten wird daher auch eine größere Typenzahl angeboten (s. Tab. 11 und Abb. 52). Zum anderen werden die isotropen Qualitäten, und zwar sowohl die gesinterten als auch die kunststoffgebundenen, überwiegend als Haft- und Motormagnete verwendet, also zur Erzeugung variabler Magnetfelder.

Für die werkstoffgerechte und kostengünstige Gestaltung magnetischer Kreise ist es in vielen Fällen notwendig, den magnetischen Fluß mit Hilfe von Eisenleitstücken oder Polschuhen vom Dauermagnetmaterial zum Arbeitsvolumen, dem Luftspalt, heranzuführen. Für die Berechnung wird dabei Gl. (33) zugrunde gelegt, die jedoch durch die am Ende von Abschnitt 1.10.3 erwähnten Korrekturfaktoren zur Berücksichtigung der magnetischen Streuung ergänzt werden muß.

Im allgemeinen ist es dabei ausreichend, die magnetische Potentialdifferenz $\int H\,dl$ (auch magnetische Spannung genannt) über den Luftspalt und das Dauermagnetmaterial zu berücksichtigen, wie folgende Abschätzung zeigt: In einem Magnetkreis (Abb. 76) sind hintereinander angeordnet der Magnet der Länge l_M, der Eisenleiter und Polschuh der (mittleren) Länge l_E und der Luftspalt der Länge l_L. Es gilt dann nach Gl. (17)

$$\int H\,d\,l = H_M l_M + H_E l_E + H_L l_L$$

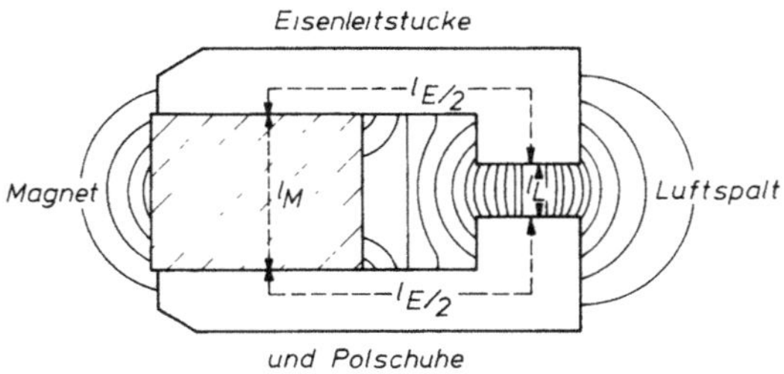

Abb. 76. Magnetischer Kreis mit dem Dauermagnet der Länge l_M, den Eisenleitstücken bzw. Polschuhen der Länge $l_{E/2}$ und dem Arbeitsluftspalt der Länge l_L. Außerdem sind die Feldlinien des Streufeldes angedeutet

und bei Streufeldfreiheit

$$B_M F_M = B_E F_E = B_L F_L,$$

wenn die F_M, F_E und F_L die entsprechenden und jeweils als konstant angesetzten Querschnitte sind. Mit $H = B/\mu_0\mu$ kann geschrieben werden

$$\frac{B_M F_M}{\mu_0 \mu_M} l_M + \frac{B_E F_E}{\mu_0 \mu_E} l_E + \frac{B_L F_L}{\mu_0 \mu_L} l_L$$
$$= \frac{B_M F_M}{\mu_0} \left(\frac{l_M}{\mu_M} + \frac{l_E}{\mu_E} + l_L \right).$$

Da μ_E, die relative Permeabilität des Eisens, über 1000mal größer ist als die Permeabilität keramischer Dauermagnete im Arbeitspunkt ($1 < \mu_M < 2$), ist selbst bei $l_E = 10\,l_M$ der magnetische Spannungsabfall im Eisen vernachlässigbar.

Für alle praktischen Zwecke ist es ausreichend, zwei Korrekturfaktoren einzuführen: der eine, C_B, trägt der Tatsache Rechnung, daß nur ein Teil des (die Mitte des) Magnetmaterials durchsetzenden magnetischen Flusses im Luftspalt zur Verfügung steht, da ein Teil bereits an den Seiten des Magneten austritt, ein anderer Teil am Luftspalt vorbeigeht. In Abb. 76 sind die Streufelder angedeutet. Der zweite Korrekturfaktor C_H trägt der Verlängerung der Feldlinien und damit der Vergrößerung der magnetischen Spannung Rechnung. Beide werden so definiert, daß sie < 1 sind:

$$\begin{aligned} B_M F_M C_B &= B_L F_L \\ H_M l_M C_H &= -H_L l_L \end{aligned} \tag{39}$$

Damit ergibt sich für die Feldstärke im Luftspalt eines Magnetkreises nach Gl. (33):

$$H_L^2 = \frac{1}{\mu_0} B_M H_M \frac{F_M l_M}{F_L l_L} C_B C_H . \tag{40}$$

Die Werte für C_H liegen meist zwischen 0,9 und 0,97. Für C_B sind die Abweichungen von eins erheblich größer, auch die Unterschiede bei verschiedenen Magnetsystemen. Als Richtwerte seien genannt:

Lautsprecher Ringspaltmagnete	$C_B = 0{,}4 \dots 0{,}7$
Haftmagnete mit Polschuhen	$C_B = 0{,}2 \dots 0{,}6$
Haftmagnete ohne Polschuhe	$C_B = 0{,}1 \dots 0{,}5$
Motormagnete (Rotor)	$C_B = 0{,}3 \dots 0{,}8$
Motormagnete (Stator)	$C_B = 0{,}2 \dots 0{,}6$

Von den in Abb. 76 eingezeichneten Streuflüssen sind die seitlich unmittelbar neben dem Magneten und neben dem Luftspalt verlaufenden im allgemeinen unvermeidbar. Durch geeignete Wahl der Anordnung läßt sich der Teil des magnetischen Flusses verringern, der zwischen den beiden Eisenstücken, aber außerhalb des Luftspaltes verläuft. Dies führt zu der alten Regel, die generell für den Entwurf magnetischer Kreise mit Arbeitsluftspalt gilt, die Quelle der magnetischen Spannung, sei sie ein Dauermagnet oder eine Spule, so nahe wie möglich am Luftspalt anzuordnen.

Die große Variationsbreite der gerade genannten Anhaltswerte für den Streufaktor C_B bringt das Hauptproblem beim Entwurf von Dauermagnetkreisen zum Ausdruck: die Genauigkeit aller Berechnungen gemäß den Gln. (39) und (40) hängen von der Präzision ab, mit der C_B bestimmt werden kann: die Werte der Induktion B_M und der Feldstärke H_M im Arbeitspunkt des Magneten können meist mit einer Genauigkeit von besser als $\pm$ 5% angegeben werden, während der Streufluß nach Betrag und Anordnung oft durch geringfügige Änderungen in der Gestalt des Magnetkreises drastisch beeinflußt wird.

Beim Aufbau von Dauermagnetkreisen wird daher meist schrittweise vorgegangen: Zunächst kann der Wert für den Streufaktor C_B auf Grund von Kenntnissen, Erfahrungen oder notfalls auch durch Schätzung festgelegt und damit der Kreis berechnet werden. Es empfiehlt sich dann, diesen Kreis zumindest im Labormodell zu realisieren und durch Messen der Feldstärke im Luftspalt die wirklichen Verhältnisse mit den der Rechnung zugrunde gelegten zu vergleichen, wodurch diese Ansätze gegebenenfalls korrigiert werden können.

5.1 Anwendungen isotroper Magnete

Isotrope keramische Magnete haben immerhin magnetische Energiedichten, die denen der besten Stahlmagnete entsprechen, d. h. den besten überhaupt verfügbaren Magneten vor der Entdeckung der besonderen Dauermagneteigenschaften der AlNiCo-Legierungen zu Anfang des Jahrzehnts von 1930. Dementsprechend konnten isotrope keramische Magnete die metallischen Magnete aus allen Anwendungen verdrängen, die keine höheren magnetischen Energiedichten erforderlich

Abb. 77. Rotor aus isotropem Bariumferrit mit eingekitteter Achse für einen Fahrraddynamo (Werkphoto der Fa. Magnetfabrik Bonn GmbH)

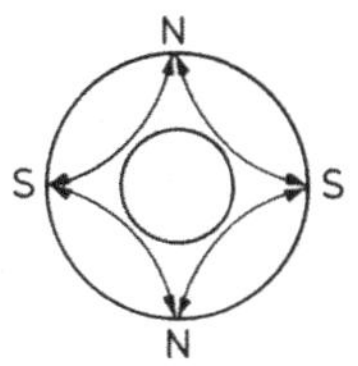

Abb. 78. Feldlinienverlauf im Innern eines Rotormagneten [48]

machten. Dies sind vor allem elektrische Generatoren und Motoren im Bereich von einem Watt, wie z. B. in Fahrraddynamos und in vielen Kleinmotoren. Der günstige Preis dieser Magneten hat der Magnetanwendung darüber hinaus eine große Anzahl weiterer Anwendungsgebiete erschlossen, von denen nur die Türverschlüsse und vielerlei magnetische Haltevorrichtungen genannt seien. Abb. 77 zeigt den Rotor nebst Achse einer Fahrradlichtmaschine. Dies ist der typische Fall eines isotropen keramischen Magneten, bei dem die Preßanisotropie recht störend ist: selbstverständlich werden diese Magnete durch Pressen parallel zur Achse hergestellt, die Magnetisierung erfolgt jedoch so, daß auf dem Umfang des Magneten 4, 6 oder 8 Pole gleichmäßig verteilt sind. Die Feldlinien im Innern des Magnetmaterials verlaufen dann etwa so, wie es in Abb. 78 skizziert ist. d. h. also senkrecht zur Achse. Bei Vorhandensein einer Preßanisotropie sind die magnetischen Eigenschaften senkrecht zur Preßrichtung jedoch merklich schlechter als beim ideal isotropen Magneten. Derartige Magnete sind daher auch in einem einstufigen Sinterverfahren hergestellt worden, bei dem das Gemisch aus Bariumkarbonat und Eisenoxid granuliert, gepreßt und anschließend sogleich fertig gesintert worden ist. Bei dieser Vorgehensweise ist die Schwindung größer als bei der zweistufigen Arbeitsweise, doch gelingt es hierbei eine Preßanisotropie fast vollständig zu vermeiden. Die größeren Abmes-

Abb. 79. Statormagnete aus isotropem Bariumferrit für Kleinstmotore (Werkphoto der Fa. Magnetfabrik Bonn GmbH)

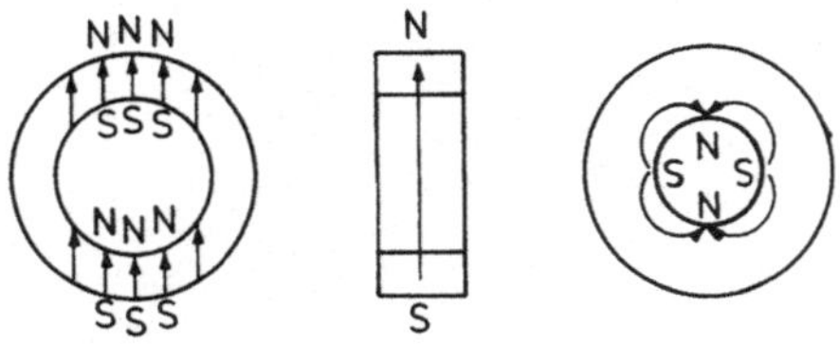

Abb. 80. Magnetisierungsanordnung in Statorringen aus isotropen keramischen Magneten [48]. Links: Magnetisierung mit äußerem Eisenrückschluß, rechts: Magnetisierung ohne äußeren Eisenrückschluß

sungstoleranzen, die durch die größere Schwindung entstehen, können auch deshalb in Kauf genommen werden, weil die Teile in jedem Fall spitzenlos geschliffen werden, um den Arbeitsluftspalt des Dynamos möglichst kleinhalten zu können.

Die in Abb. 79 gezeigten Ringe sind ebenfalls aus isotropem Bariumferrit gefertigt und dienen als Stator in Kleinmotoren. Derartige Motoren werden für viele Zwecke der Unterhaltungselektronik, für Spielzeuge, aber auch für vielerlei kommerzielle Zwecke benutzt. Die Magnetisierung erfolgt meist mehrpolig auf der inneren Zylinderwand entweder, wenn mit äußerem Eisenrückschluß gearbeitet wird, wie in Abb. 80 links gezeigt, oder ohne Eisenrückschluß, wie in Abb. 80 rechts dargestellt. Auch hier verlaufen also die magnetischen Feldlinien im Magnetwerkstoff senkrecht zur Preßrichtung.

Ein weiteres Anwendungsgebiet von Magneten ähnlicher Gestalt wie der beiden vorstehend erwähnten sind magnetische Zentraldrehkupplungen. Das Prinzip einer solchen Drehkupplung ist in Abb. 81 oben dargestellt, in der gleichen Abbildung unten sind die zugehörigen Magnete abgebildet. Mit einer derartigen Anord-

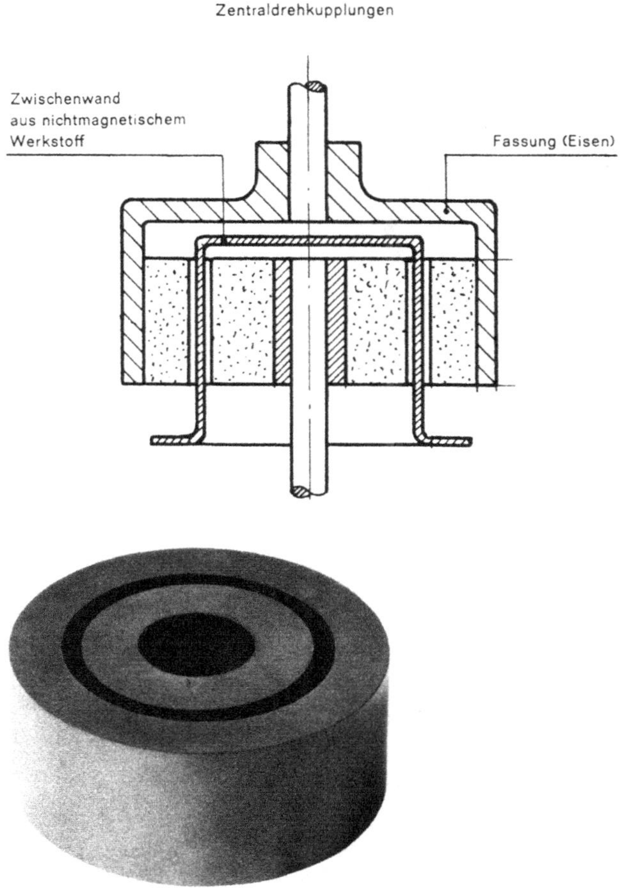

Abb. 81. Magnetische Zentraldrehkupplung. Oben: Anwendungsprinzip, unten: Magnetringe aus isotropem Bariumferrit für Zentraldrehkupplungen (Werkphoto der Fa. Magnetfabrik Bonn GmbH)

nung können Drehbewegungen durch eine Gehäusewand hindurch übertragen werden, wobei diese Wand natürlich aus nichtmagnetischem und bevorzugt auch aus elektrisch nicht leitendem Material besteht.

Ein großes Anwendungsgebiet isotroper keramischer Magnete bilden Haftmagnete der verschiedensten Art, entweder mit glatt durchgehender Magnetisierung, so daß auf der einen Seite des Magneten ein Nordpol, auf der anderen Seite ein Südpol entsteht (Abb. 82) oder mit einseitig mehrpoliger Anordnung, wie in Abb. 83 schematisch dargestellt. Magnete der Art, wie in Abb. 82 dargestellt, werden auch oft mit zwei Eisenplatten auf dem Nord- und Südpol versehen und als Türverschlüsse verwendet.

5.2 Keramische Magnete zum Erzeugen zeitlich konstanter Magnetfelder

Beim Aufbau magnetischer Kreise mit konstantem Luftspalt können die bei der Ableitung des $(BH)_{max}$-Wertes [Abschnitt 1.10, Gl. (33) und Abschnitt 5, Gln. (39, 40)] beschriebenen Überlegungen direkt zum Entwurf und zur Berechnung der für eine verlangte Luftspaltgröße und Luftspaltinduktion benötigten Magnetgröße und -Abmessungen benutzt werden. Bei nicht isotherm benutzten Magnetsystemen müssen dazu noch die in Abb. 44 zum Ausdruck gebrachten Zusammenhänge beachtet werden (Abschnitt 3.3).

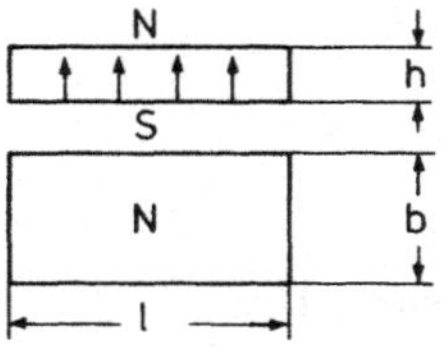

Abb. 82. Gerade 2-polige Magnetisierung eines quaderförmigen Magneten [48]

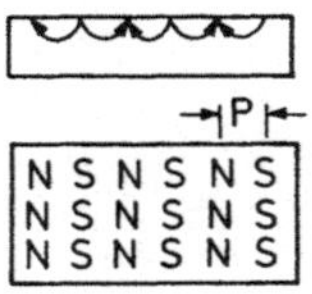

Abb. 83. Mehrpolige flächenhafte Magnetisierung [48]

Diese in Zusammenhang mit Abb. 44 dargestellte Temperaturabhängigkeit der in einem Arbeitsluftspalt zur Verfügung stehenden magnetischen Energie bzw. Feldstärke kann einmal in der bereits in Abschnitt 3.3 erwähnten Weise berücksichtigt werden, nämlich dadurch, daß der Dauermagnet in Feldrichtung etwas länger gehalten wird. Diese Maßnahme ist gleichbedeutend mit einer Verschiebung des Arbeitspunktes auf der Entmagnetisierungskurve vom $(BH)_{max}$-Punkt in Richtung auf die Remanenz und verhindert bei richtiger Dimensionierung das Heruntergleiten des Arbeitspunktes in den steilen Teil der Entmagnetisierungskurve bei fallender Temperatur. Sie gestattet es, keramische Dauermagnetwerkstoffe zu benutzen, bei denen der $(BH)_{max}$-Punkt nahe dem Knick in der Entmagnetisierungskurve liegt. Es können daher bei Beachtung dieser Maßnahme Dauermagnetwerkstoffe benutzt werden, bei denen die Sinterung so weit geführt wurde, daß die meisten der Kristalle in Vorzugslage rekristallisiert und gewachsen sind, wobei man also den hohen Ausrichtegrad durch ein verhältnismäßig starkes Kristallwachstum und damit auf Kosten der Koerzitivfeldstärke erkauft hat. Eine solche Maßnahme ist besonders bei den trocken gepreßten anisotropen Magneten nützlich, da hier der Ausrichtungsgrad beim Pressen nicht so vollständig erreicht werden kann wie beim Naßpressen. Es muß also mehr Ausrichtung durch das Sintern nachgeholt werden, was wiederum mit stärkerer Rekristallisation verbunden ist und damit auf Kosten der Koerzitivfeldstärke geht.

Natürlich kann der irreversible Verlust an Luftspaltinduktion durch den in Abb. 44 zum Ausdruck kommenden Temperatureffekt auch dadurch verhindert werden, daß ein keramisches Dauermagnetmaterial benutzt wird, dessen Entmagnetisierungskurve weit genug über den $(BH)_{max}$-Punkt hinaus in Richtung auf den

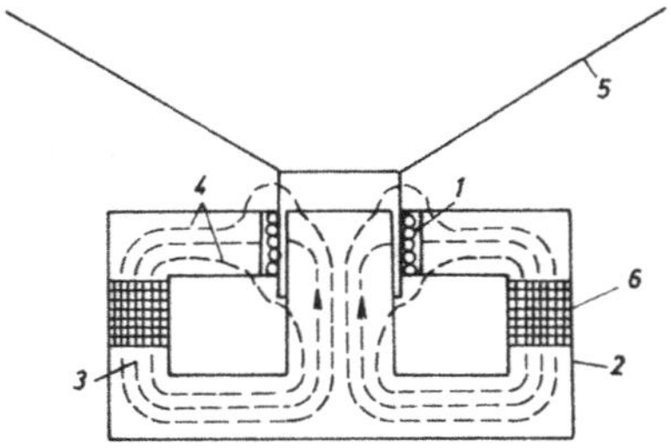

Abb. 84. Schematische Darstellung eines Lautsprecherringspaltmagnetkreises. *1* Luftspalt mit Schwingspule, *2* Magnetischer Kreis mit Andeutung des magnetischen Nutzflusses durch den Luftspalt *3* und des *4* Streuflusses, *5* Lautsprechermembran, *6* Magnet [48]

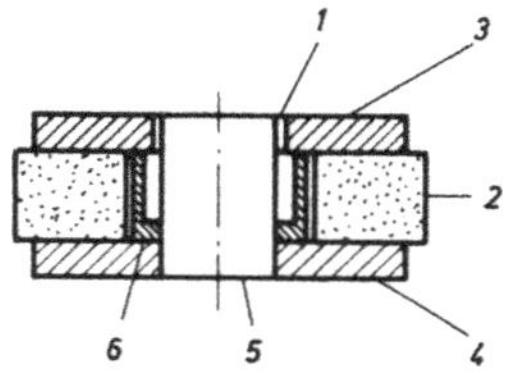

Abb. 85. Schnittzeichnung eines Lautsprecherringspaltsystems. *1* Luftspalt, *2* Magnetring aus anisotropem Ba- oder Sr-Ferrit, *3* Ring aus Eisen als magnetischer Leiter und äußerer Polschuh des Luftspaltes, *4* Ring aus Eisen als magnetischer Leiter, *5* Zylinderförmiger Eisenkern, eingepreßt in den Ring *4* als magnetischer Leiter und innerer Polschuh des Luftspaltes, *6* Luftspaltschutzkappe aus Kunststoff [48]

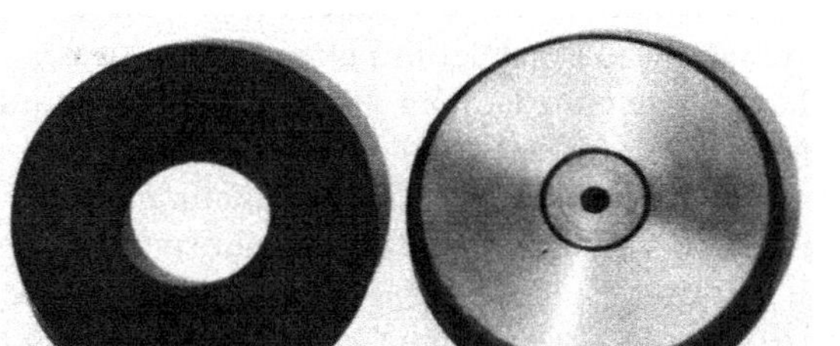

Abb. 86. Lautsprecherring und Lautsprechermagnetsystem (Werkphoto der Fa. Magnetfabrik Bonn GmbH)

Koerzitivfeldstärkepunkt gerade bleibt. Bei einer Abkühlung verbleibt dann der Arbeitspunkt im geraden Teil der Entmagnetisierungskurve und kann daher auf den früheren Wert bei Wiedererwärmung zurückkehren; der magnetische Kreis arbeitet also auch in diesem Fall reversibel. Der Magnet braucht auch nicht in seiner Länge überdimensioniert zu werden.

Das Hauptanwendungsgebiet anisotroper keramischer Dauermagnete in Magnetkreisen konstanten Luftspalts sind die Lautsprecher. Ein typischer magnetischer Kreis für einen Ringspaltlautsperechermagnet ist in Abb. 84 schematisch wiedergegeben, Abb. 85 zeigt einen solchen Magnetkreis im Schnitt und in Abb. 86 ist ein derartiges Magnetsystem dargestellt.

Abb. 87. Segmente aus anisotropem Strontiumferrit in einem Scheibenwischermotor (Werkphoto der Fa. Robert Bosch GmbH)

5.3 Magnete zum Erzeugen zeitlich veränderlicher Felder

Beim Entwurf von Magnetkreisen mit zeitlich veränderlichem Luftspalt müssen neben den im vorigen Abschnitt genannten Gesichtspunkten noch einige Besonderheiten berücksichtigt werden. Für derartige Magnetkreise bieten die keramischen Dauermagnete bessere Voraussetzungen als alle früheren Magnetwerkstoffe, da sich mit ihnen die Verhältnisse des im Abschnitt 1.10.3 besprochenen idealen Dauermagnetwerkstoffes sehr weitgehend annähern lassen. Für die Erläuterungen der speziellen Anforderungen an einen Dauermagneten in einem Magnetkreis mit veränderlichem Luftspalt wird auf Abb. 20 zurückverwiesen. Hier ist eine Entmagnetisierungskurve gezeichnet, die über den $(BH)_{max}$-Punkt hinaus noch weiter gerade verläuft. Bezeichnen die beiden eingezeichneten Arbeitsgeraden den Zustand des größten und des kleinsten vorkommenden Luftspalts, so gehört zu diesen beiden Werten jeweils ein Wertepaar der Induktion und Feldstärke und ein Produkt daraus. Diese beiden Produkte legen die Grenzfeldstärken im Arbeitsluftspalt fest. Liegt der magnetische Zustand für den $(BH)_{max}$-Wert zwischen diesen beiden Zuständen, so ist die Feldstärke, die bei den Luftspaltabmessungen,

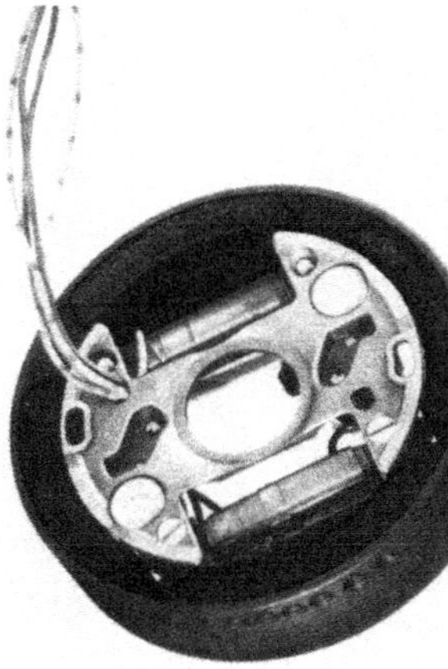

Abb. 88. Segmentmagnete aus Strontiumferrit in einem Schwunglichtmagnetzünder (Werkphoto der Fa. Robert Bosch GmbH)

Abb. 89. Segmentmagnete in einem Kleinstmotor zum Antrieb einer Filmkamera (Werkphoto der Fa. Robert Bosch GmbH)

die dem $(BH)_{max}$-Wert entspricht, vorhanden ist, natürlich größer als in allen anderen Fällen. Bei der praktisch völlig geraden Entmagnetisierungskurve eines nahezu vollständig texturierten anisotropen keramischen Magneten werden alle Magnetisierungszustände reversibel durchlaufen, da der Knick in der Entmagnetisierungskurve erst bei entmagnetisierenden Feldstärken auftritt, die größer sind als der Feldstärke bei dem größten vorkommenden Luftspalt entspricht. Die Entmagnetisierungskurve eines solchen Werkstoffes ist also eine permanente Zustandskurve bzw. Zustandsgerade. Müssen Temperaturänderungen berücksichtigt werden, so kann dem natürlich in der im vorigen Abschnitt besprochenen Weise Rechnung getragen werden.

Bei Magnetkreisen, in denen das magnetische Feld mechanische Arbeit leisten soll, kommt es für die Kraft, die zum Einleiten des Arbeitsvorganges benötigt wird, auf die im Luftspalt vorhandene Feldstärke an (die Kraft zwischen zwei ebenen magnetischen Flächen ist nach Gl. (32) $P = J^2 F_L / 2\ \mu_0 = \mu_0 H^2 F_L / 2$). Die bei der Arbeitsleistung umgesetzte Energie wurde in Gl. (31) ausgerechnet und wird z. B. durch die in Abb. 20 gestrichelt gezeichnete Fläche dargestellt.

Auch diese Arbeit erreicht bei einer völlig geraden Entmagnetisierungskurve, die reversibel durchlaufen wird, ihren größtmöglichen Wert. Daher können auch für Magnetkreise, in denen mechanische Arbeit geleistet werden soll, im Fall der anisotropen keramischen Dauermagnete die gleichen Entwurfskritierien wie vorstehend beschrieben benutzt werden, wobei stets die äußere Entmagnetisierungskurve zugrunde gelegt werden kann.

Die Hauptanwendungsgebiete, in denen variable Luftspalte auftreten, sind neben Haftmagnetsystemen die Generatoren und die Motoren. Hierbei spielen sicher die Scheibenwischermotore und andere Gleichstrommotore in Kraftfahrzeugen und Motore in Geräten der Unterhaltungselektronik die wichtigste Rolle.

In Abb. 87 sind die Segmente aus anisotropem Strontiumferrit in einem Scheibenwischermotor zu erkennen, in Abb. 88 sind Segmente aus gleichem Material in einem Schwunglichtmagnetzünder und in Abb. 89 in einem Kleinstmotor zum Filmkameraantrieb zu sehen.

Bei manchen Motormagneten ist auch darauf zu achten, daß nach einem Blockieren des Motors keine irreversible Entmagnetisierung der Dauermagnete auftritt. Dies kann z. B. beim Scheibenwischermotor bei festgefrorenen Wischerblättern auftreten. Hierfür werden daher keramische Magnetwerkstoffe eingesetzt, deren Entmagnetisierungskurven bis in den 3. Quadranten hinein noch gerade sind.

Schlußbemerkung

In der Einleitung war die Vorgeschichte der keramischen Magnete kurz betrachtet worden. Zum Abschluß ist es daher sicher angemessen, den Gang der Entwicklung zu betrachten.

In den fünfziger Jahren wurden die fertigungstechnischen Möglichkeiten dieser Werkstoffe im wesentlichen ausgeschöpft. Alle denkbaren praktikablen Variationen und Kombinationen mit Zusätzen sind ausprobiert worden. Fast alle erwiesen sich höchstens als Sinterhilfsmittel, die im Sinne keramischer Flußmittel wirksam waren.

Daß es dabei übrigens keineswegs immer streng wissenschaftlich zugegangen ist, bezeugt folgende Anekdote, die einem Entwicklungsteam in den U. S. A. widerfahren sein soll: Drei angesehene Physiker deutscher Herkunft, die schon über beträchtliche Erfahrungen und Kenntnisse mit metallischen Dauermagneten verfügten, hatten etwa in der Mitte der fünfziger Jahre eine Ferritfertigung beachtlicher Größe aufgebaut, wobei sie alles Wissen eines magnetisch gebildeten Physikers und Metallkundlers benutzt hatten. Trotzdem waren weder sie noch ihre Auftraggeber mit dem Ergebnis so recht zufrieden: die damals üblichen $(BH)_{max}$-Werte wurden nur gerade erreicht, man mußte dafür viel Kristallwachstum in Kauf nehmen, entsprechend lag der Knick der Entmagnetisierungskurven direkt am $(BH)_{max}$-Punkt, und die Ausschußquote war trotzdem noch arg hoch. Doch eine Charge stach plötzlich heraus: Remanenz und $(BH)_{max}$-Wert lagen drastisch höher, die ganze Kurve war eher eine Gerade, selbst die Koerzitivfeldstärke war merklich erhöht. Die Aufklärung der Ursache dieser glücklichen Wendung erwies sich zunächst weniger als wissenschaftliches, sondern eher als kriminalistisches Problem: Galt es doch herauszufinden, was mit dieser einen Charge anderes geschehen war. Schließlich kam es zum Geständnis: nach dem Frühstück war die Kaffeekanne aus Porzellan beim Wiederanfahren in die Mühle gefallen. Es wird behauptet, daß von da ab bis zur vollständigen Klärung der Wirkungsweise jenes Kaffeekannenzusatzes in jede weitere Mühlencharge eine genau gleichartige Kaffeekanne gegeben wurde. Die Magnete aus dieser Fertigung waren dann in der Tat für einige Jahre die besten der U. S. A.

Von den Eingriffen in das Magnetoplumbitgitter führte nur der Ersatz von Ferriionen auf den $12k$ Oktaederplätzen durch unmagnetische Ionen durch Erniedrigung der Sättigungsmagnetisierung über die Beziehung $H_A = 2\ K/J_s$ zu einer Verbesserung der Koerzitivfeldstärke.

Der Versuch, die Temperaturabhängigkeit der Sättigungsmagnetisierung zu verbessern, um diese Werkstoffe auch in Meßgeräten verwenden zu können, der Ende der fünfziger Jahre unternommen wurde, erbrachte zwar eine Verbesserung des Temperaturkoeffizienten, aber gleichzeitig eine Verringerung der Kristallanisotropieenergie.

In den sechziger Jahren führte der Hinweis auf die etwas günstigeren technologischen Eigenschaften des Strontiumferrits zu einer Anhebung des Qualitätsniveaus der keramischen Magnete. Gegen Ende dieses Jahrzehnts und Anfang der siebziger Jahre setzten sich durch Bau immer größerer Fertigungseinheiten und die Nutzbarmachung natürlicher Rohstoffe sowie von Abfallstoffen der Stahlverarbeitung wirtschaftliche Gesichtspunkte stärker durch.

Etwa um die gleiche Zeit wurden die früheren Versuche zur Änderung der Temperaturabhängigkeit der Magnetisierung mit einigen zusätzlichen Aspekten fortgesetzt. Sie führten zu einer nachhaltigen Verbesserung des Temperaturkoeffizienten unter Wahrung der Kristallanisotropie. Daneben wurden Versuche unternommen, die hochanisotropen Partien der Magnetoplumbitgitter isoliert darzustellen.

Vielleicht liegen hier Ansatzmöglichkeiten für weitere und nachhaltige Verbesserungen dieser bewährten Werkstoffgruppe. Der durch Sachkenntnis gesteuerten Phantasie kann sicher noch mancher lohnende Fortschritt gelingen.

Literaturverzeichnis

1. Kneller, E.: Ferromagnetismus. Berlin-Göttingen-Heidelberg: Springer. 1962.
2. Heimke, G., und R. Kohlhaas: Z. angew. Physik **21**, 73–77 (1966).
3. Smit, J., und H. P. J. Wijn: Ferrites. Philips' Technical Library, Eindhoven 1959.
4. Heisenberg, W.: Z. Physik **49**, 619 (1928).
5. Honda, K., und S. Kaya: Sci. Rep. Tohoku Univ. **15**, 721 (1926); S. Kaya: Sci. Rep. Tohoku Univ. **17**, 639 und 1157 (1928).
6. Meiklejohn, W. H., and C. P. Bean: Phys. Rev. **102**, 1413–1414 (1956) und **105**, 904–913 (1957).
7. Heimke, G.: Konstruktion, Elemente, Methoden **1965**, Heft 4 bis 10.
8. Roth, W. L., und F. E. Luborsky: J. Appl. Phys. **35**, 966–967 (1964).
9. Meiklejohn, W. H.: J. Appl. Phys. **33**, 1328–1335 (1962).
10. International Conference on Magnetism and Crystallography, Kyoto, Japan, 25.–30. Sept. 1961.
11. Goto, K.: Japan J. Appl. Phys. **5**, 117–127 (1966).
12. Schüler, K., und K. Brinkmann: Dauermagnete, Werkstoffe und Anwendungen. Berlin-Heidelberg-New York: Springer. 1970.
13. Rado, G. T., V. F. Folen und W. H. Emerson: Proc. Inst. Electr. Eng. **104**, 198–205 (1956).
14. Silber, L. M., E. Tsautes und P. Angelo: J. Appl. Phys. **38**, 5315–5318 (1967).
15. Gerling, W., und H. P. J. Wijn: Z. angew. Physik **27**, 77–82 (1969); W. Gerling: Z. angew. Physik **28**, 4–7 (1969).
16. Stäblein, H.: Techn. Mitt. Krupp, Forsch.-Ber. **24**, 103 (1966).
17. Chikazumi, S.: Physics of Magnetism. New York-London-Sydney: J. Wiley. 1964.
18. Katalog der Fa. Elektro-Physik, Köln, Juli 1975.
19. Snoek, J. L.: New Developments in Ferromagnetic Materials. New York-Amsterdam: Elsevier. 1947.
20. Kato, Y., und T. Takei: J. Inst. Electr. Engrs. Japan **53**, 408–412 (1933); Jap. Pat. Nr. 98 844.
21. Guillaud, Ch.: Mem. Soc. Ing. Civ. France **104**, 538–576 (1951).
22. Buffet, P.: DBP Nr. 1 029 950.
23. Went, J. J., G. W. Rathenau, E. W. Gorter und G. W. van Oosterhout: Philips' Techn. Rundschau **13**, 361–376 (1952); DP Nr. 977 105.
24. Rathenau, G. W., J. Smit und A. L. Stuijts: Z. Physik **133**, 250–260 (1952).
25. Braun, P. B.: Nature **170**, 708 (1952).
26. Wijn, H. P. J.: Nature **170**, 707 (1952).
27. Hennicke, H. W.: Ber. Dtsch. Keram. Ges. **44**, 209–211 (1967).
28. Kojima, H.: Sci. Rep. RITU **A 7**, 502–506 und 507–514 (1955).
29. Guillaud, Ch., und G. Villers: C. R. (Paris) **242**, 2817–2820 (1956).
30. Cochardt, A.: J. Appl. Phys. **34**, 1273–1274 (1963).
31. Adelsköld, V.: Arkiv f. Kemi, Mineralogi och Geologi **12 A**, 1–9 (1938).
32. Townes, W. D., J. H. Fang, und A. J. Perrotta: Z. Kristallogr. **125**, 437–449 (1967).
33. Stuijts, A. L.: Trans. Brit. Ceram. Soc. **55**, 57–74 (1956).
34. Bertaut, F., A. Deschamps und R. Pauthenet: C. R. (Paris) **246**, 2407–2409 (1958).
35. Anderson, P. W.: Phys. Rev. **79**, 350–356 (1950).
36. Kojima, H., und K. Goto: Bull. Res. Inst. Sci. Measurements Tohoku Univ. **19**, 67–94 (1970).

37. Bertaut, E. F., A. Deschamps, R. Pauthenet und S. Pickart: Conférence de Magnétisme, Grenoble, Juli 1958, 340–344.
38. Heimke, G.: Berichte Arb. Gem. Ferromagnetismus 1959, Düsseldorf: Verlag Stahleisen m.b.H. 1960; J. Appl. Phys. **31**, 271S–272S (1960); Abhandl. Deut. Akad. Wiss. Berlin. Chem. Geol. Biol. Kl. No. **3**, 59–68 (1961).
39. Esper, F. J., und G. Kaiser: Intern. J. Magnetism **3**, 189–195 (1972).
40. Esper, F. J., und G. Kaiser: Ber. Dtsch. Keram. Ges. **52**, 210–213 (1975).
41. Haberey, F., und M. Velicescu: Proc. 3. Europ. Conf. Hard Magnetic Materials, Sept. 1974, published by Bond voor Materialenkennis, Den Haag 1974, 1507–1510.
42. Tomholt, F.: 1. Europ. Symp. über Dauermagnete, Wien 1965, Diskussionsbeitrag. (Dank Herrn Dr. Esper und Meudt für die Bestätigung dieser Werte.)
43. Heimke, G.: Ber. Dtsch. Keram. Ges. **39**, 326–330 (1962); Z. angew. Physik **15**, 271–272 (1963).
44. Kojima, H., und K. Goto: J. Phys. Soc. Japan **17**, 584 (1962); J. Appl. Phys. **36**, 538–543 (1965).
45. Abraham, C., und A. Aharoni: Phys. Rev. **120**, 1576–1579 (1960).
46. Gorter, E. W.: Philips' Res. Rep. **9**, 295, 321, 403 (1954).
47. Sixtus, K. J., K. J. Kronenberg und R. K. Tenzer: J. Appl. Phys. **27**, 1051–1057 (1956).
48. Katalog der Fa. Magnetfabrik Bonn GmbH, vorm. Gewerkschaft Windhorst, Bonn, 3/74.
49. Zur Verfügung gestellt von F. J. Esper, Robert Bosch GmbH, Stuttgart.
50. Stoner, E. C., und E. P. Wohlfarth: Trans. Roy. Soc. (London) **A 240**, 599–642 (1948).
51. Heimke, G.: Wiss. Z. Hochsch. f. Verkehrswesen Dresden **7**, 281–282 (1959/60).
52. Esper, F. J., und G. Heimke: Sonderbände der praktischen Metallographie, Band 6: Metallographie-Schadensfallanalyse und Werkstoffentwicklung, 243–258. Stuttgart: Dr. Riederer-Verlag GmbH. 1976.
53. Katalog der Fa. Valvo GmbH, Hamburg, 2/75.
54. Pawlek, F., und K. Reichel: Arch. Eisenhüttenwes. **28**, 241–244 (1957).
55. Cochardt, A.: J. Appl. Phys. **37**, 1112–1115 (1966).
56. Krijtenburg, G. S.: 1. Europ. Symp. über Dauermagnete, Wien 1965, Vortrag 2/13.
57. Müller, H. G., G. Heimke, F. Henneberger und K. Krahl: Abhandl. Dtsch. Akad. Wiss. Berlin, Chem. Geol. Biol. Kl. **1961**, No. 3, 69–76.
58. Wullkopf, H.: Beeinflussung der Bariumferritreaktion bei der Magnetherstellung durch den Rohstoff Eisenoxid. Dissertation, Ruhr-Universität Bochum 1974.
59. Müller, H. G., und G. Heimke: Berichte Arb. Gem. Ferromagnetismus 1958, S. 101–104. Stuttgart: Dr. Riederer-Verlag GmbH. 1959.
60. Okumura, T., H. Kojima und S. Watanabe: Sci. Rep. RITU **A 7**, 411–417 und 418–424 (1955).
61. Hameda, K., und H. Kojima: Phys. stat. sol. (a) **6**, 259–264 (1971).
62. Schinkmann, A.: Hermsdorfer Techn. Mitt. **1960**, H. 2, 42–49.
63. Esper, F. J., und G. Kaiser: Physica **80 B**, 116–128 (1975).
64. Van Uitert, L. G., M. M. Read und F. J. Schnettler: J. Appl. Phys. **28**, 482–485 (1957).
65. Heimke, G.: Die Ferritbildung und die Temperaturabhängigkeit der Magnetisierung von Ferriten mit Magnetoplumbitstruktur. Dissertation, Martin-Luther-Universität Halle 1959.
66. Heimke, G.: Ber. Dtsch. Keram. Ges. **50**, 42–43 (1973).
67. Kieffer, R., G. Heimke, W. Wruß und A. Vendl: Tonind.-Ztg. **96**, 313–315 (1972).
68. Heimke, G.: Ber. Dtsch. Keram. Ges. **43**, 600–604 (1966).
69. DAS Nr. 1 614 118.
70. DBP Nr. 1 054 188.
71. DBP Nr. 972 666.
72. Heimke, G., und J. D. Nye: Powder Metall. Intern. **5**, 3–8 (1973).
73. Heimke, G., K. K. Sharma, K. Sahl und O. W. Flörke: Ber. Dtsch. Keram. Ges. **49**, 328–333 (1972).

74. Stäblein, H., und J. Willbrand: IEEE Trans. Magnetism. MAG-2, 459–463 (1966).
75. Heimke, G.: Naturwiss. **45**, 260 (1958).
76. Heimke, G.: Wiss. Z. Hochsch. f. Verkehrswesen Dresden **6**, 3–11 (1958/59).
77. Dorschner, R., und K. Strobel: Ber. Dtsch. Keram. Ges. **47**, 176–179 (1970).
78. Fischer, P.: Ber. Dtsch. Keram. Ges. **46**, 342 (1969).
79. Hadfield, D.: Permanent Magnets and Magnetism. London: Iliffe Books Ltd. 1962.
80. Heck, C.: Magnetische Werkstoffe und ihre technische Anwendung. Heidelberg: Dr. A. Hüthig. 1975.

Sachverzeichnis

GPSR Compliance

The European Union's (EU) General Product Safety Regulation (GPSR) is a set of rules that requires consumer products to be safe and our obligations to ensure this.

If you have any concerns about our products, you can contact us on ProductSafety@springernature.com

In case Publisher is established outside the EU, the EU authorized representative is:

Springer Nature Customer Service Center GmbH
Europaplatz 3
69115 Heidelberg, Germany

Batch number: 10627710

Printed by Printforce, the Netherlands